健康・医療関係の専門科目と各章の関係

章の題目	❶ バイオメカニクスの基礎	❷ 看護・介護のボディメカニクス	❸ 熱, 体温, 罨法	❹ 流体と呼吸・循環・吸引・医療	❺ 音・光と医療	❻ 電磁気と生活・人体・医療	❼ 画像検査の物理科学
物理の分野	力学	(人体の力学)	熱と温度	流体力学	波動	電磁気学	原子と原子核
基礎看護技術	体位変換, 移動介助, シーツ交換	体位変換, 移動介助, シーツ交換	罨法	採血, 注射, 点滴, 経管栄養法, 導尿, 吸引			
臨床看護技術				輸液ポンプ, シリンジポンプ, 人工呼吸器, 酸素吸入, 吸入, 胸腔ドレナージ		AED, 医療機器	
運動器	運動器の構造	保存療法, 運動療法, マッサージ, 疾患の理解, 患者の看護	温熱療法	水治療法	超音波検査		X線診断, MRI
解剖生理学	運動器系	運動器系	体温とその調節	循環器系, 呼吸器系	感覚器系		
臨床放射線医学			サーモグラフィ		超音波診断	医療機器	X線診断, MRI, 核医学診断, 放射線治療, 放射線防護
運動生理学	筋収縮		熱量摂取量とエネルギー消費量, 体温調節	循環, 呼吸			
病理学	運動器系	運動器系		循環器系, 呼吸器系	感覚器系		

ヘルプフル！看護・介護と物理
「もの」の「ことわり」

― 根拠が分かって自信がつく ―

多田　旭男 著

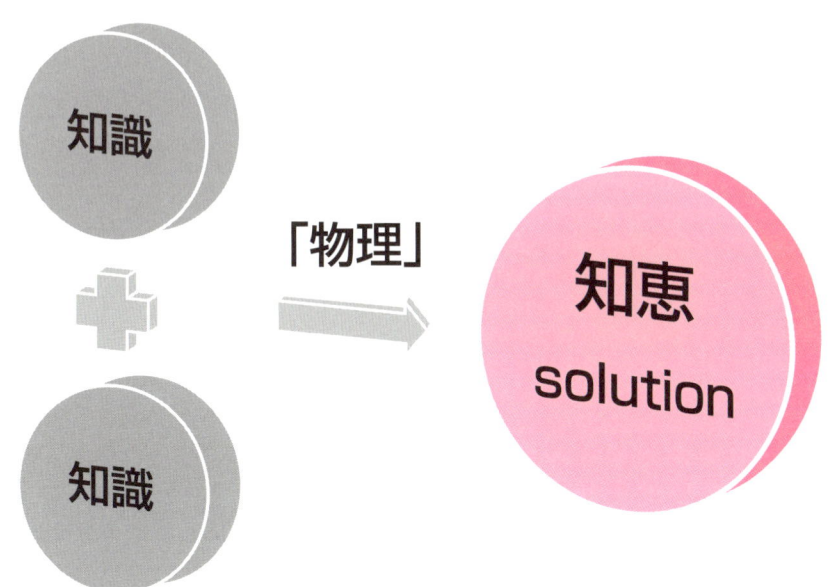

三共出版

まえがき

　本書の書名にある，このルビ風の〖「もの」の「ことわり」〗は，もちろん正しいルビではない。それではなぜ 物　理 と書いたのか。「看護・介護と 物　理」の接続詞を「と」にした背景も含めて少し説明したい。

　著者は北海道立網走高等看護学院で「物理学」の講義を11年間担当している。
　物理学は「看護技術」・「解剖生理学」・「運動器」・「臨床放射線医学」などと密接な関係を持っており，各科目の科学的根拠を形成するのに不可欠な基礎科目である。しかし，このことに最初から気づく学生はきわめて少ない。最初の授業で「物理学」に対するコメントを求めると，物理は難しかった（高校で履修した人），難しそう（高校で履修していない人），なぜ物理学を受講するのか，という声が上がってくる。そこで，点滴や体位変換介助などの事例をあげ，本質に係る質問をしたり，実演してもらったりすると，暗記やマニュアルが通用しないことに気づいて表情を曇らせ始める。頃合いをみて，何事も，事象・現象（→もの）の根拠・仕組み・原理（→ことわり）をしっかり理解しないとすぐに限界につきあたり，それを超えて先に進むことができない，と説くと真剣に耳を傾ける。
　次に「と」について述べたい。看護系の物理学の本の書名にある「看護系のキーワード」と「物理学」を接続する詞に注目するとその本が物理重視型か看護・医療技術重視型かがわかる。正に"名は体を表す"のとおりであるから面白い。物理重視型の本は物理学をきちんと学ぶのに適しているが，紙数の関係で看護・医療技術に関係する内容は量的に少ない。カリキュラムのコンセプトを忠実に実践するために物理重視型の本で授業を進めると学生は不本意ながら暗記主義で対応することになる。一方，看護・医療技術重視型は学生の受けは良いが〖「もの」の「ことわり」〗をきちんと学ぶには難がある。
　このような行き詰まりを打開するために本書を企画，執筆した。ポイントは物理重視型と看護・医療技術重視型の長所を両立させて"良いとこ取り"したことである。そして"両立"を図った結果，接続詞は自然に「と」に落ち着いた。

　本書の特徴は無論，書名ばかりではない。当初は"物理"と聞いて表情を硬くしていた学生から「根拠が分かって自信がついた」との言葉が出てくることを励みにして続けた11年間の授業。この間に蓄積した，物理と「看護技術」「解剖生理学」「運動器」「臨床放射線医学」などの間をつなぐ話題・題材はかなりの量に達した。本書の特徴は，看護・医療系の題材の豊富さ，的確な図解，142問のQ&Aにある。
・看護・医療系の適切な題材は，物理を好きにさせる。
・的確な図解は本文の本質を理解させ，それを右脳に定着させる。
・豊富なQ&Aはバラバラになりがちな知識をつなぎ，知恵を生み出す力を養う。

　また各章の扉には，その章のエッセンスを有機的につないで端的に示した。これから何を学ぶのかを直感的につかんでもらうためであるが，学んだ後に見直すと新しい発見があるはずである。それをイラスト中にある空白の○などに書き込むことを勧めたい。
　各ページの左右の余白は，本文から知的刺激を受けて氷解した疑問，思いついたアイディアなどを書き込むために設けてある。余白を自分の言葉で埋め尽くし，「私はこの本で，知識を知恵に変える力を身に

つけ，仕事・使命に取組む自信をつけた」と言える，世界に1冊しか存在しない本に仕上げよう．

　物理をしっかり学びながら看護・医療分野への応用力を身につけられる本の企画を高く評価し，ともに練り上げてくれた秀島功氏（三共出版），この企画が反映された原稿の編集業務を，東日本大震災発生以降も遅滞させないよう献身的に努力してくれた飯野久子氏（三共出版編集部），および著者の企画・執筆意図を的確につかんで図解してくれた山口摩美さん（国立大学法人北見工業大学 平成20年度入学生）に心から感謝します．

平成23年　海明けの頃

著　　者

目　　次

1　バイオメカニクスの基礎
1.1　物体（剛体）の運動 … 2
1.2　運動の法則 … 4
1.3　エネルギーと仕事 … 8
1.4　摩　擦　力 … 11
1.5　力　　積 … 12
1.6　物体（剛体）の回転 … 14
1.7　物体の静止平衡 … 15
1.8　物体の動的平衡 … 17
1.9　て　　こ … 18
1.10　滑車，斜面 … 19
1.11　固体の弾性 … 21
1.12　圧　　力 … 22
解　　答 … 26

2　看護・介護のボディメカニクス
2.1　姿勢，動作，運動の力学的仕組み … 30
2.2　身体を動かす仕組み … 32
2.3　日常の動作：物体を支える，動かす … 37
2.4　運動と健康 … 41
2.5　看護・介護 … 43
2.6　牽　引　療　法 … 46
2.7　マッサージ … 47
解　　答 … 48

3　熱，体温，罨法
3.1　物体を構成する粒子の熱運動と温度 … 50
3.2　温度の測定 … 50
3.3　内部エネルギーと熱 … 52
3.4　潜　　熱 … 53
3.5　熱　の　伝　達 … 54
3.6　湿　度　と　は … 57
3.7　人体におけるエネルギー供給，エネルギー消費 … 58
3.8　体　温　制　御 … 58

v

3.9　温熱療法，寒冷療法 …………………………………………………………… 59
　解　　答 ……………………………………………………………………………… 61

4　流体と呼吸　循環・吸引・医療

4.1　流　　体 ………………………………………………………………………… 64
4.2　気体，気体の法則 ……………………………………………………………… 70
4.3　液　　体 ………………………………………………………………………… 73
4.4　気体と呼吸器：気道，肺，肺胞 ……………………………………………… 76
4.5　注射筒への血液・薬液の採取，吸引 ………………………………………… 78
4.6　点滴静脈注射，輸液ポンプ …………………………………………………… 80
4.7　血液循環，血圧 ………………………………………………………………… 82
4.8　健康・医療と流体 ……………………………………………………………… 87
　解　　答 ……………………………………………………………………………… 90

5　音・光と医療

5.1　波 ………………………………………………………………………………… 94
5.2　音　　波 ………………………………………………………………………… 96
5.3　光 ………………………………………………………………………………… 98
5.4　音波の医療への応用 …………………………………………………………… 102
5.5　光の医療への応用 ……………………………………………………………… 105
　解　　答 ……………………………………………………………………………… 108

6　電磁気と生活・人体・医療

6.1　電荷と電場 ……………………………………………………………………… 110
6.2　電流，電圧，電力 ……………………………………………………………… 111
6.3　主な電子部品 …………………………………………………………………… 114
6.4　磁石，磁界 ……………………………………………………………………… 115
6.5　主な電気器具とその安全な使い方 …………………………………………… 116
6.6　生体・器官・組織の電磁気的性質 …………………………………………… 119
6.7　生体への電流・電磁場の影響，電気刺激と応答 …………………………… 121
6.8　電磁気の医療への応用 ………………………………………………………… 124
　解　　答 ……………………………………………………………………………… 126

7　画像検査の物理科学

7.1　物質と原子 ……………………………………………………………………… 128
7.2　原子核の崩壊と放射線・放射能・放射性同位元素 ………………………… 132
7.3　放射線の医療への応用 ………………………………………………………… 137
7.4　核医学診断 ……………………………………………………………………… 141
7.5　放射線治療 ……………………………………………………………………… 142

7.6 粒子線治療 ·· 143
7.7 生体への放射線の影響，放射線防護，医療被曝 ···································· 144
解　　答 ··· 147

参　考　文　献 ··· 149
索　　引 ··· 151

1 バイオメカニクスの基礎

この章では，バイオメカニクス(※1)の基礎となる物理科学の内容をわかりやすく説明した。人体の動作・運動などに加えて人体内部の運動器の仕組みなども扱う。
ボディメカニクス(※2)や日常の動作・作業・運動の基礎となる物理科学は2章で説明する。

※1 訳語は生体力学，生物力学，生体運動学など。
※2 訳語は身体力学，身体運動学など。

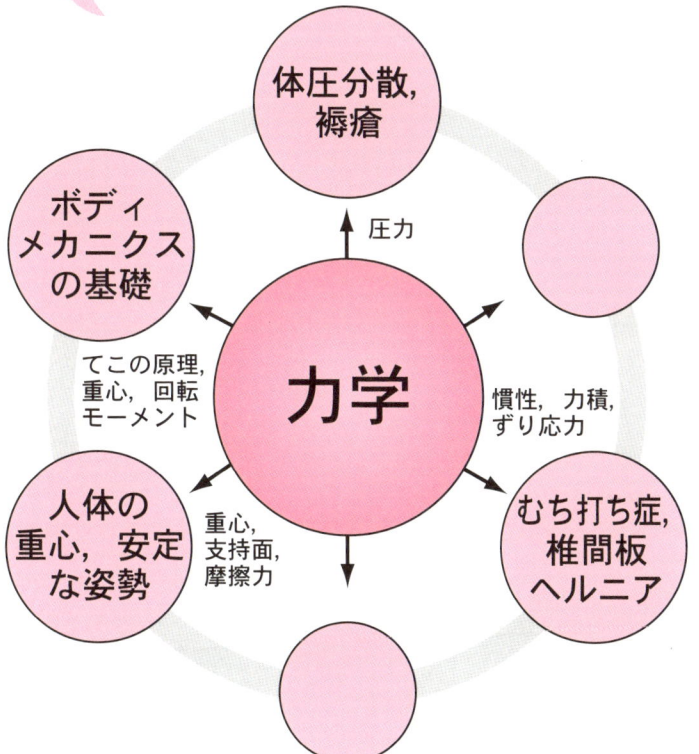

1.1　物体（剛体）の運動

　実在する物体は力を加えると変形し，変形の程度は力の大きさだけでなく温度などの条件によって異なる（1.11を参照）。これに対して，実質的に変形しない物体，つまり強くて固い物体を剛体という。

　人体は剛体であろうか。普通に立っている人の腹部を押すと引っ込む，つまり変形する。しかし腹筋を鍛えた人が意識して硬くした腹部はとても硬い。つまり剛体に近くなる。

　両膝を両手で抱え込み頭部をできる限り胸に近づける姿勢をとり，さらに意識して身体を硬くした人を抱きかかえることは意外に難しくない。抱きかかえるために支えるべき場所が多くないので見つけやすいからである。つまり剛体に近いので力学的に扱いやすいのである。これに対して，似たような姿勢をとったとしても意識して身体を硬くしない場合には，抱きかかえるのに苦労する。支えるべき場所だと思ってそこに力を入れると，そのことによって姿勢が変化し，支えるべき最適な場所が他に移動してしまうからである。変形する物体の力学的取り扱いは簡単ではない。

　本章の前半では，物体を剛体と仮定してその運動を扱う。力学的な取り扱い（≒計算）を容易にするためである。

　剛体の運動については，まず重心の移動すなわち直線運動（あるいは並進運動）を扱い，その後，重心を中心とした剛体各部の運動すなわち回転運動を扱う。

▶人体以外の例をあげると，滑らかな水平面をすべる物体は直線運動をし，コマは回転運動をする。

*1　硬式野球用ボールは剛体と見なせる。硬式野球用ボールの代わりに軟式テニス用ボールを変形するほど強く握りキャッチャーに向かって投げ込むと，キャッチャーはどんな反応を見せるだろうか。硬式野球用ボール（剛体）のときよりも軌道を予測しにくいはずである。バッターにとっては複雑な軌道を描く魔球になるかもしれない？変形する物体(弾性体)の運動の計算は剛体ほど簡単ではない。

*2　変位 Δx を $x_i - x_f$ と表してはいけない。変位は最終の位置から始めの位置を引く，と決められている。変位はベクトルであり，変位は「方向」の情報も含んでいる。なお x_i と x_f との差は距離に相当する。

Q1.1　人体における直線運動および回転運動の例をあげよ。

Q1.2　硬式野球用ボール[*1]とバットを別々に空中に投げ上げたとき，それぞれはどのような運動をするだろうか。

1.1.1　一次元の運動

　一次元の運動は直線運動あるいは並進運動と呼ばれる。

(1) 変位，距離

　物体が直線運動をすると，その位置は時間とともに変わる。始め (initial) の位置を x_i，終わり (final) の位置を x_f とすると，位置の変化量は $x_f - x_i (= \Delta x)$ となる。ここで添え字のiおよびfは始め (initial) と終わり (final) を意味する（以後も同じとする）。この Δx は変位[*2]と呼ばれる。

(2) 速さ，速度

1) 平均速さと瞬間速さ

　物体はいろいろな速さ（スピード, speed）で運動する。"速さ"とはなんだろうか。自動車が2時間に100 km進む場合，"速さ"は時速50 kmだと言うことが多い。この場合時速50 kmは平均の速さを意味して

いる。実際には自動車の速さは瞬間，瞬間に変化している。物理で"速さ"と言えば瞬間速さを指す。

　2）速　　度

　自動車が曲線道路を走っている間，スピードメーターがずっと時速40 kmを表示したとする。この場合，速さ（speed）は時速40 kmであるが，速度（velocity）は時速40 kmではない。速さ＝速度とならないのはなぜだろうか。速度は速さのほかに方向の情報をもっているからである。例えば曲線道路では自動車の進行方向が時々刻々変化するので，速さ≠速度なのである。速さと速度は区別しよう。

（3）加速度，等加速度運動

　1）加　速　度

　物体の運動速度は一定な場合もあるし変化する場合もある。例えば自動車は発進・加速・定速走行・加速・減速・停止を繰り返す。発進の場合，路面の摩擦力よりも大きな力を進行方向に加えて速度を上げ，走行した後に停止する場合，進行方向と反対向きに力を加えて速度を下げる。このように速度を変えることを加速といい，単位時間（例えば1秒）当たりの速度の変化率を加速度 a という。

　平均加速度 Δv_{av} は速度の変化量 $\Delta v = v_f - v_i$ を時間 $\Delta t = t_f - t_i$ で割って求める。

▶添字の av は average（平均）を意味する。

$$\Delta v_{av} = \Delta v / \Delta t$$

　2）等加速度運動

　加速度が時間によって変わらない運動を等加速度運動という。例えば，点滴筒内での液滴の自由落下，ゴルフボールやコインの自由落下の運動は等加速度運動である。

等加速度運動の計算に使う式

○速度 v：　　$v = v_0 + at$

　ここで添え字の0は時刻0を表し，v_0 は初速度である。

○物体の位置 x：　　$x = x_0 + v_0 t + (1/2)at^2$

○位置 x における速度 v：　　$v^2 - v_0^2 = 2a(x - x_0)$

Q1.3 時速108 kmで走行している自動車が障害物に衝突後，さらに1 m進んでから停止した。この間の時間はいくらか。

1.1.2　二次元の運動

　これまでは一次元の運動（＝直線運動あるいは並進運動）を行う物体を扱ってきたが，ここでは，二次元の運動すなわち平面での運動（回転運動あるいは円運動）を行う物体を扱う。

　静止衛星は，地球のまわりを一定の速さすなわち等速で円運動をしている。等速円運動では物体の速さは一定であるがその運動方向は変化し

加速度，慣性

▶この問題の状況は自動車の乗員の"むち打ち症候群"と関係が深い。エアバッグシステムは，衝突してから停止するまでの，できるだけ短い時間内に作動するように設計されている。

ている．ここで，物体は力を受けないと等速直線運動を続けることを思い出そう．つまり物体（質量 m）が等速円運動（速度 v，半径 R）を続けられるのは，物体が中心方向に力 F を受けているためである．この力を向心力という．向心力 F は，次の式で表される．

$$F = ma = mv^2/R$$

向心力と逆向きの力を遠心力[*1] という．円運動している物体には遠心力がはたらく[*2]．

1.2 運動の法則

1.2.1 力，運動量

(1) 力とは

1.1 では，力についてきちんと説明せずに力という用語を多用してきた．ここであらためて力について述べる．

物体を引っぱるとか持ち上げるとか言うとき，力の存在と大きさを感じ，さらに力の方向（例えば，自分の方へとか上方へとか）を意識している．つまり，力は大きさと方向の情報を含んでいるのである．なお力の単位は N（ニュートン）である．

力は見えないのでわかりにくいとか，力学は苦手だとか言う人は少なくない．しかし力は「力学」の代表的なキーワードであり，力学はボディメカニクスの基礎なので，この章で取りあげる身近な例をとおして力に関する諸法則を理解し，自分と相手のために力を合理的に使えるようになろう．

Q1.4　力を実感する例をあげよ．（ヒント：接触力，場の力）

(2) 運動量とは

走行中の自動車を停止しようとする場合，その速度が大きいほど止めにくい．また大型トラックと軽自動車が同じ速度で走行している場合，大型トラックの方が止まりにくい．

上の例から，運動している物体には止めにくさに関係する量があり，その量は質量と速さに関係していることがわかる．この量を運動量（momentum）という．

物体の運動量 p は，質量 m と速度 v の積である．

$$p = mv$$

(3) 運動量保存の法則

「2 つまたはそれ以上の物体が衝突するなど，相互に作用しあうとき，相互作用した後の全運動量[*3] はその前の全運動量に等しい」 あるいは「2 つまたはそれ以上の物体の全運動量は，相互作用の前後で保存される」 という表現は，いずれも運動量保存の法則と呼ばれる．

[*1] 遠心力を利用して，血液（全血）から成分（例えば赤血球，血小板，血漿）を物理的に分離するのが遠心分離である．

[*2] 仰臥位の患者の上体を起こすとき頭部は円運動をする．起こし方が速すぎると，遠心力は速度の 2 乗に比例するので，内耳が遠心力などの刺激を受けて起こすと考えられている動揺病の症状が出ることがあるので注意したい．

▶ 運動量：単に運動量というと，線形運動量を指す．「線形」をつけるは，1.7.1 で説明する角運動量と区別するためである．

[*3] これらの場合の運動量は並進運動量であり，回転に関係する角運動量とは区別する必要がある．

Q1.5 20 m/sの速度で走ってきた小型車（質量 $m_1 = 900$ kg）が停車している大型車（質量 $m_2 = 1,800$ kg）に追突した。追突前の各自動車の運動量はいくらか。また追突後の2台の車の塊の運動量および速度はいくらか。

運動量

1.2.2 運動の第一法則と慣性質量

まず物体に力が働いていないときの運動法則について説明する。

(1) 運動の第一法則

何もしないのに，静止している物体が動きだしたり，動いている物体が止まったりすることはない。このことは次のように表現できる。「外部から物体にはたらく正味の力*がゼロならば，物体は等速度で動く。すなわち，静止している（物体の速度がゼロのまま）物体（正確には質点）は静止を続け，運動している物体はその速さを保って直線的な運動（等速直線運動）を続ける。」これを運動の第一法則という。

物体には，そのままの状態でいたがる（動きだしたがらない，同じペースで動いていたがる）性質がある。これは，人でいうと惰性や慣性に相当する。そこで運動の第一法則は慣性の法則とも呼ばれる。

＊「正味の力がゼロ」の場合は2つある。1つは物体にまったく力が働かない場合である。例えば、静止している車いすは、誰かが押さなければ動かずに静止している。2つ目は力が働いていてもすべて打ち消しあっている（正味の力がゼロ）場合である。例えば綱を左右から引く力が等しいと綱は動かない。

Q1.6 背骨は，隣接する椎体が椎間板（緩衝作用のある軟骨）で連結された構造をもっている（図1.1）。高いところから硬い地面に飛び降りるとき背骨を傷めやすいのはなぜか。

▶「椎間板のずれ」は上の例のように飛び降りたときに限らない。中腰姿勢で重い物を持ち上げる，運ぶなどの動作が誘因となる（2章を参照）。椎間板の弾力性は加齢とともに低下し，弾力性の程度は水分含有量に関係するといわれている。椎間板ヘルニアの発生部位は第4－5腰椎が最も多い。

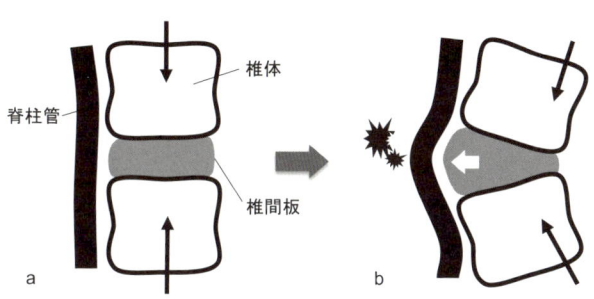

図1.1 椎間板ヘルニア

Q1.7 追突された車の乗員の頭部とヘッドレストとの間が空いていると，乗員の頚部に挫傷（くびの捻挫）が起こることがある。それはなぜか。

Q1.8 仰臥位の患者の背中に手を当てて急に上体を起こすと頚部を損傷する可能性がある。それはなぜか。

慣 性

(2) 慣性質量

あらゆる物体は，その運動状態を続けようとする性質（慣性）をもっていて，その運動状態を変化させようとすると，その変化に抵抗する。たとえば，寸法が同じで，密度だけが大きく異なる立方体を2つ床の上

に置いて，前方に押してずらす状況を考えよう。静止した状態を続けようとして押されることに大きく抵抗するのはどちらか。我々は，密度が大きい方だということを知っている。言い換えると，密度が大きい立方体は密度が小さい立方体よりも大きな慣性をもっている。この慣性の尺度を慣性質量という。単に質量（mass）ということが多い。質量の単位は kg である。

1.2.3　運動の第二法則と重量
ここでは物体に力が働いているときの運動法則を扱う。

（1）運動の第二法則
静止している物体を動かすには力が必要であり，動いている物体を止めるには力が必要である。これらの動作は物体の速度を変化させる。物体の速度を変化させるには加速度が必要である。

「物体（質量が m）に正味の力 F が加わると，その力の働く方向に加速度 a が生じる。加速度は力の大きさに比例し，質量に反比例する。」これを運動の第二法則という。

$$F = ma$$

Q1.9　床に置いた質量 10 kg の物体を水平方向に 10 N の力で押した。床の摩擦抵抗が無視できる場合，加速度はいくらか。

（2）重量と質量
重量と質量を混同する人が少なくないので，ここでその違いを説明する。

体重すなわち身体の重量は体重計で計測する。この場合の重量はあくまで地球表面で測った値である。もし月面で測ると 1/6 になるので，重量の値には注意が必要である。

▶ 日常，重量（または重さ）と言っているのは質量のことであり，重量は地球がその物体に及ぼす重力である。

なぜこのようなことが起きるのか。物体と地球または月との間には引力が働いている。この引力は重力（gravity）と呼ばれ，物体の質量に比例する。質量とは，物体がもともと持っている量で，地球表面でも月面でも変わることはない。物体の重量は，物体が受ける重力の大きさである。物体が受ける重力は，物体の質量に重力加速度 g と呼ばれる比例定数をかけたものに等しい。この重力加速度は，地球表面で 9.8 m/s^2，月面ではその 1/6 と異なる。これが，地表と月面とで体重が異なる原因なのである。

重量，力
▶ 100 g 重 ≒ 1 N と覚えておこう。また kg 重を kgW と書くこともある。

Q1.10　体重が 55.0 kg と言い方は正しいだろうか。

Q1.11　物体の重量が力を及ぼすとき，力は，物体の重量の数値にグラム重（g重）またはキログラム重（kg 重）という単位をつけたものに等しい。つまり g

重または kg 重は力の尺度である。質量が 1.00 kg の物体に地球の引力が働いているとき，物体に働く下向きの力はいくらか。

Q1.12　通常，体重は両足で支えられている。片方の足にかかる重量（力）を測るにはどのようにすればいいか。

1.2.4　運動の第三法則と抗力

ここでは 2 つの物体間の相互作用に関する法則を扱う。

(1) 運動の第三法則

手で壁を押すと手が壁から押し返される力を感じる。手が壁に与える力を作用力，壁が手に与える力を反作用力という。

机の上の本は重力で引っ張られ机に下向きの力を及ぼすと同時に，その力と大きさが等しい上向きの力を机から受けている。急に机を引くと本は反作用を受けられなくなるので落下する。つまり本と机は作用・反作用を及ぼしあう関係にある。

「すべての作用力には，大きさが等しく方向が反対向きの反作用力がある。」これを運動の第三法則という。作用・反作用の法則とも呼ばれる。

Q1.13　人がベッドに寝ているとき，人とベッド，およびベッドと床に働く力を第三法則で説明せよ。

> 作用・反作用

(2) 抗力，張力

机の上の本は机の接触面に対して下向きの力（重力）を及ぼし，机はその接触面を介して，この力に対抗する力を本に対して及ぼしている。この，机の接触面が及ぼす力を抗力という。抗力は，接触面に垂直に働く成分と平行に働く成分（摩擦力）に分けられる。

天井から物体をひもでつり下げる。ひもは物体によって下向きに引っ張られている。このひもを引っ張る力を張力（Tension）という。視点を変えると，物体はひもで上向きに引っ張られている。つまり，ひもには向きがちがう 2 つの張力が働く。これはひもに作用・反作用の法則が働くことを意味する。

▶病室などで，天井に取りつけたフックに物体を直接，引っかけたり，ひもを介してつり下げたり，あるいは点滴スタンドなどに物体を引っかけたりすることが多い。天井あるいはスタンドのどこに，どの程度の抗力，張力がかかるかを考え，落下や転倒などの事故を未然に防ぐようにしよう。

Q1.14　「天井から物体をひもでつり下げる。物体はひもを介して天井に下向きの力を及ぼす。天井は，反作用で物体に上向きの力を及ぼす。」と言われても天井が及ぼす力をなかなか実感できない。それを実感できる方法を考えよ。

Q1.15　抗力や張力は，人体内部の動きにも関係するだろうか。

> 抗　　力

1.3 エネルギーと仕事

エネルギーとはなんだろうか。エネルギーとは仕事をする能力のことであると説明されている。それでは仕事とはなんだろう。仕事とは…。この節ではエネルギーと仕事をまとめて説明する。

1.3.1 位置エネルギーと運動エネルギー
(1) 位置エネルギーと仕事
物体を高い位置に移すと，物体はその高さに応じたエネルギーを持つようになる。この位置に基づくエネルギーを位置エネルギー（potential energy, PE）という。

位置エネルギー PE は物体の重量すなわち質量 m と重力加速度 g の積に高さ h をかけたものに等しい。

$$PE = mgh$$

重量をニュートン，高さをメートルの単位で表すと位置エネルギーの単位は J（ジュール）になる。

高い位置にある水は落下するときに水車をまわすという仕事をすることができる。もちろん，水は位置エネルギーを失う。別の見方をすると，水を高い位置に上げる（位置エネルギーを与える）にはそれなりの仕事をしなければならない。つまり位置エネルギーと仕事は同じ価値を持っている。

位置エネルギーと仕事

Q1.16 質量 50 kg 重の人が 30 段の階段をゆっくり一定の速度で上がった。各段の高さは 20 cm とする。このときの仕事はいくらか。この場合，速度は一定なので加速度は働かないと考える。

(2) 運動エネルギーと仕事
物体（質量 m）に仕事をして物体の運動の速度（v）を変えると，その速さに応じたエネルギーが物体に与えられる。この運動に関係するエネルギーを運動エネルギーという。運動エネルギー（kinetic energy, KE）は次式で表される。

$$KE = (1/2)mv^2$$

運動エネルギーの単位は J（ジュール）である。

物体の速度を v_i から v_f に変え運動エネルギーを $(KE)_i$ から $(KE)_f$ に変えるときに物体になされる仕事 W は，

$$W = (KE)_f - (KE)_i = (1/2)mv_f^2 - (1/2)mv_i^2$$

高い位置にある水は落下するとき位置エネルギーを失って仕事をすることができると述べたが，水は落下するときの運動エネルギーを仕事に変えたと見ることもできる。一般に，運動エネルギーは仕事をすることができるのである。運動エネルギーも仕事は同じ価値を持っている。

(3) 位置を変えながら運動する物体のエネルギー

ボールを空中高く投げる場面を考えてみる。ボールはより高いところに移動するのでその位置エネルギーを増す。さらに，ボールは静止状態からある速度で運動する状態になるので，運動エネルギーも獲得することになる。

振り子の運動に注目しよう。振り子の位置エネルギーが最大になるのは最高位置に達したときである。そのとき振り子は一瞬，静止状態になるので運動エネルギーは最低になる。振り子の運動エネルギーが最大になるのは最低位置に達したときである。そのとき位置エネルギーは最低になる。この例は，物体の位置エネルギーと運動エネルギーは自在に入れ替わることを示す。

1.3.2 エネルギー保存則

振り子の運動をもう少し考えてみる。振り子の位置エネルギーは運動エネルギーに，運動エネルギーは位置エネルギーへと自在に変化するが，位置エネルギーと運動エネルギーの和は一定である（保存される）ことに気づくであろう。この関係をエネルギー保存則という。

エネルギーは新たに生成されたり，失われたりすることはない。位置エネルギーが運動エネルギーに変わるように，エネルギーはある型から別の型に変化するだけである。

Q1.17 ゴムひもを引っぱって伸ばし，手を放すとその端は勢いよく元の状態に戻る。この現象を力学的に説明せよ。

1.3.3 仕　事

(1) 加えられる力の方向と物体の運動方向が一致している場合

物体に加えられた力の方向に物体が運動するとき，物体になされる仕事 W は物体に作用した力 F と物体の移動距離 d との積に等しい*。

$$W = Fd$$

力をニュートン N，距離をメートル m で表すと仕事の単位はジュール J である。

* 物体にいくら力を加えても物体を移動させることができなければ，力学的には仕事をしたことにはならない。物理学でいう仕事は我々が日常よく使う仕事と意味が違うのである。

Q1.18 体重 50 kg 重の人を床から 1.5 m の高さに一定の速度で抱き上げるときの仕事はいくらか。

Q1.19 坂を上る運動あるいは階段を上る運動は，平地を歩く運動にくらべて余分な仕事をしなければならない。それはなぜか。

(2) 加えられる力の方向と物体の運動方向が一致しない場合

図 1.2 のように，加えられる力の方向に対して運動の方向が角度 θ だ

位置エネルギーと仕事
▶階段を上がる運動は自分の体重を持ち上げることになるので，平地を歩くときにくらべて余分な仕事をしなければならない。運動して体脂肪を減らしたい場合には歩くよりも効果が大きい。

*2 この例は，キャスターバッグを引く場合，芝刈り機の持ち手を押す場合である。

*3 $\theta = 0°$ のとき $\cos\theta = 1$。これは力の方向と運動の方向が一致する場合に相当する。

け傾いているとき*2，仕事 W は $F\cos\theta$ *3 と d の積で表される。

$$W = F\cos\theta \cdot d$$

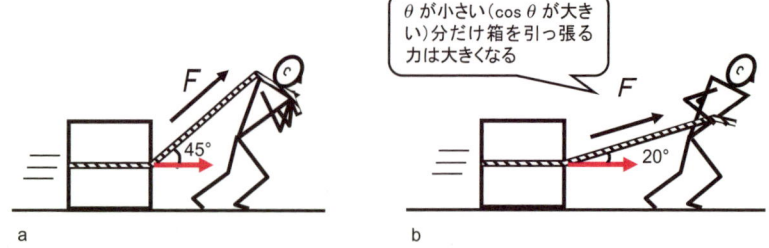

図1.2　力の方向と物体の運動方向が一致しない例

Q1.20　図1.2の場合，仕事は $W = F\cos\theta \cdot d$ である。通常 $0 < \cos\theta < 1$ なので，力 F の一部しか仕事に生かされない。F のロスを少しでも小さくするにはどうすればいいだろうか。

1.3.4　仕事率

仕事の量が同じ場合，それをやり終えるのに要した時間 t が短いほど仕事率（または工率）は高いという。仕事 W をその所要時間 t で割ったものが仕事率 P である。

$$P = W/t$$

それぞれの単位は，W［ジュール，J］，t［秒，s］，P［ワット，W］である。

仕事量 W が同じならそれをやり終えるまでの時間 t が短いほど仕事率 P（または工率）は高い。

▶機械と人間：例えばモーターを使う機械ならモーターを能力（仕事率）の大きいものに替えれば仕事率を大きくできるが，人間の仕事率には限界がある。人間は，機械でも行える仕事ではなく，機械が行えない仕事をするようにしたい。

Q1.21　体重50 kg重の人を床から1.5 mの高さに1.5秒かけて抱き上げた。このときの仕事率はいくらか。

1.3.5　動作・運動とエネルギー消費量

我々がさまざまな動作・運動を1分間行ったときの，体重1 kg重当りのエネルギー消費量を表1.1に示す。この各原単位に体重と身体活動時間（分）をかけると総エネルギー消費量を算出できる。試しに自分のエネルギー消費量を計算してみると，それらが意外に少ないことを知って驚くであろう。肥満を防止するにはまず摂取する食事量をきちんと管理する必要がある。

表 1.1　種々の動作・運動とエネルギー消費原単位

動作・運動の内容	エネルギー消費原単位（kcal/min・kg 重）
歩　行	0.080
平地走（12.1 km/h）	0.208
テニス	0.109
水泳（平泳ぎ）	0.162
縄跳び（80 回/分）	0.164
ゴルフ	0.085
サッカー	0.132

W. D. McArdle, F. I. Katch, V. L. Katch,『運動生理学―エネルギー・栄養・ヒューマンパフォーマンス―』

1.4　摩　擦　力

1.4.1　摩擦力とは

　水平面に置かれた物体を押して動かす場合，平面の材料が氷やテフロンなどでは容易に動くが材料が木やリノリウムなどではそれなりの力を加えないと動かない（図 1.3 a）。これは，物体と接触面に摩擦力[*1]が働いているためである。また斜面に置かれた物体がすぐに滑りださないのは，摩擦力が働いているためである（図 1.3 b）。これらの摩擦力を静止摩擦力という。

*1　摩擦力は，接触している2つの物体の材料，表面の粗さなどによる。摩擦の原因は，物体の材料の面から見ると，ある物体の原子と，それに接触している物体の原子との間の引力にある。

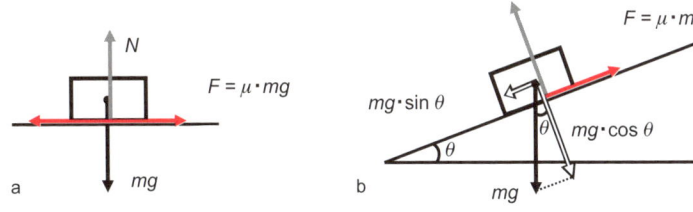

図 1.3　静止摩擦力

　物体はいったん滑りはじめると，動き始めのときよりも小さい力で動かせるようになる。これは動いているときの摩擦力が静止摩擦力よりも小さいからである。この摩擦力を動摩擦力という。

　摩擦力 F は抗力 N[*2]に比例する。この比例係数 μ を摩擦係数（表 1.2）という。

*2　抗力 N は板から物体に垂直な向きに働く力である。

$$F = \mu N$$

この式は，静止摩擦力にも動摩擦力にも成り立つ。

表 1.2　摩擦係数

物体の材料	摩擦面の材料	静止摩擦係数 μ
木	木（ドライ）	0.25〜0.5
テフロン	スチール	0.04
布	布	0.44
ゴム	コンクリート（ドライ）	1.00
ゴム	リノリウム	
革	リノリウム	
ラシャ	リノリウム	

力の方向と物体の運動方向がずれている場合

Q1.22　粗い床に置かれた重量50N（質量5.1kg）の物体を，図1.2のような姿勢で，右側に5mだけ移動させた。水平面に対する角度は45°であり，物体に働く摩擦力 f は10Nとする。(1) 50Nの力が物体にする仕事 W_F はいくらか。(2) 摩擦力 f がする仕事 W_f はいくらか。(3) 物体になされる正味の仕事 W_{net} はいくらか。

1.4.2　履物と転倒

　歩行時には接触面に垂直力と水平力がはたらく。このとき垂直力は摩擦力を発生させるが，その摩擦力よりも水平力が大きくなると接触面を踏みしめて歩くことが困難になる。つまり水平方向に滑る。

　滑ったときの姿勢は，重心線が支持面から外れ，不安定になるので転びやすくなる。

　履物は床材に対する摩擦係数（表1.2）の小さいものほど滑りやすくなる。リノリウムの床に対する靴底の材料の摩擦係数との関係は次のとおりである。

　ゴム底＞ラシャ裏スリッパ＞皮底

▶室内の床がリノリウム張りの場合には，ゴム底の靴が最も滑りにくい。特に力仕事をする場合にはゴム底と床との大きな摩擦力により，床から大きな反作用力を得ることができる。また靴音が小さいという利点もある。

1.5　力　積（Impulse）

1.5.1　力積とは何か

　野球場での捕球場面を思いうかべてみよう。ミットは捕球時に少し後ろに動いている。これはなぜだろうか。この説明はボールがミットを押す，捕手がミットを引くに集約されよう。

　この場合，ボールがミットと共に動きを止めるまでの，わずかな時間の間に，ボールはその進行方向と逆向きの力をミットから受け続け徐々に減速して最終的に停止する。

▶捕球時にミットが後ろにほとんど動かない状態でボールが停止する場合，ボールが与える力＝ボールにミットすなわち手が与える力という関係があるので，手は非常に大きな力を受けることになる。言い換えると手は大きな衝撃力を受けるので痛みを感じるはずである。球速が速いと，（質量）×（速度）＝運動量なので，手の痛みは強くなる。捕手は経験的にこの事実を知っているので反射的にミットを引くようにしていると考えられる。

　もし捕球時にミットが後ろにほとんど動かないとしたらどうなるであろうか。運動量＝（質量）×（速度）なので，ボールを止めることは運動量をゼロにすることである。運動の第二法則 $F=ma$ と加速度の定義 $a=\Delta v/\Delta t$ より，$F=m\Delta v/\Delta t$ である。この式は，m が一定の場合，$F=\Delta(mv)/\Delta t=(mv_f-mv_i)/\Delta t$ と書ける。この式は，力は運動量の変化

量をその変化に要する時間で割ったものに等しいことを意味する。つまり運動量をゼロ（$mv_f = 0$）にする時間 Δt が長いほど，運動量をゼロにするために必要な力 F が小さいのである。しかし Δt がゼロに近い場合の F は，$mv_i \neq 0$ なので，計算上は非常に大きくなる。この意味は少し後に述べる。

上の式，$F = m\Delta v/\Delta t$ および $F = \Delta(mv)/\Delta t = (mv_f - mv_i)/\Delta t$ を変形すると次式が得られる。

$F\Delta t = m\Delta v$

$F\Delta t = \Delta(mv) = (mv_f - mv_i) = \Delta p$

左辺の $F\Delta t$ を**力積（Impulse）**という。

衝突や打撃では，作用する力は大きいが，その力の働く時間は大変短い。これは時間間隔 Δt が非常に短い場合の力積を意味し，これを特に**撃力（Impulsive force）**という。力積は，衝突や打撃などの現象を扱う時に重要である。

Q1.23 トイレットペーパーの端を引っ張るとき，ゆっくり行うのであればトイレットペーパーのどの場所（右端，左端，真ん中）を親指と人差し指ではさんで引いてもきれいにほどけるが，急に引くと親指と人差し指ではさんだ部分だけがちぎれてしまう。これはなぜか。 　　**力積，慣性**

Q1.24 転んで硬い床に膝がぶつかったときはとても痛いが，床に厚いじゅうたんが敷いてあるとそれほど痛くない。それはなぜだろうか。 　　**力　積**

1.5.2　力積の応用

力積は衝撃力の大きさを表す。これに対して運動量は勢いの大きさを表す。

（1）ゴルフのフォロースルー

$F\Delta t = \Delta(mv) = \Delta p$ 　フォロースルーの時間 Δt が長いと，力 F が同じなら運動量の変化 Δp が大きくなる。$\Delta p = m(v - v_0)$ なので，フォロースルーの時間が長いときのボールの初速度 v_0 はフォロースルーの時間が短いときの初速度 v_0 よりも大きい。したがって v も大きくなり，その分だけ飛距離が伸びる。

（2）エアバッグ

$F\Delta t = \Delta(mv) = \Delta p$ 　自動車の衝突時の Δp は一定である。したがって Δt を長くすると頸部にかかる力 F が小さくなる。

（3）金づちで釘を打つコツ

釘を押さえている指を間違って打つことを恐れて，ゆっくり金づちを振り下ろすと釘は刺さらない。$F\Delta t = \Delta(mv) = \Delta p$ における Δt が長いため釘を押す力 F が不足するからである。金づちを使うコツは，一気に振り下ろして Δt を短くし F を大きくすることである。

1.6　物体（剛体）の回転

1.6.1　回転運動と角運動量

並進運動をする物体が並進運動量を持っているように，回転運動する物体は回転に関係する角運動量を持っている。

$$角運動量 = (質量) \times (速さ) \times (半径) = mvr$$

ここで，$m =$ 質量，$v =$ 速さ，$r =$ 半径[*1]

角運動量が大きいほど，その角運動量（の大きさや方向）を変えるのに必要な力のモーメント（1.6.3を参照）は大きくなる。

1.6.2　角運動量保存則

物体を回転させるには外部から作用を及ぼす必要がある。この作用を力のモーメントあるいはトルク（1.6.3を参照）という。物体の回転運動に変化を与えるためには力のモーメントあるいはトルクを加える必要がある。

回転運動している物体に外部から力が働いていないとき[*2]は，その物体の角運動量は常に一定である。これを角運動量保存則という。

Q1.25　図1.4のように，回転台の上で回転するとき，両腕を伸ばした状態では速く回転できないが，途中から両腕を胸につけるようにすると速く回転できるようになる。その理由を述べよ。

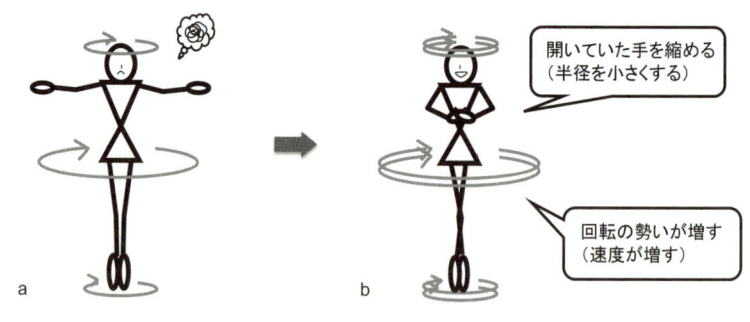

図1.4　回転する人

Q1.26　自転車は走行中倒れにくいが停止すると倒れやすい。それはなぜだろうか。

1.6.3　トルク

物体をある角度だけ回転させるトルク τ[*3] は，力を作用させる点によらない量であり，一定である。

トルクは物体に加わる力 F と回転軸から力の作用線までの垂直距離 d[*4] の積である。

$$\tau = F \times d$$

---

*1　物体と回転軸の距離

*2　回転するコマには摩擦力という力が外部から働くので，永久に回り続けることはない。
　回転運動をしている物体は回転し続けようとする性質を持っている。この性質を回転の慣性という。回転し続けようとする傾向が強い物体はその回転モーメントが大きい。

▶フィギュアスケートやバレエにおける速い回転も同じように説明できる。

▶姿勢を変えて回転速度を変える例は他にもある。例えば空中転回のとき，極大点付近では体を丸めて（両腕で両足を抱える）回転速度を速くし，着地の前には体を少しずつ伸ばして（両腕で両足を抱える姿勢をやめて）回転速度を遅くしている。

*3　トルク（torque）とは，ある固定された回転軸を中心にはたらく，回転軸のまわりの力のモーメントである。

*4　モーメントアームあるいは腕の長さという。「垂直」な距離であり，単なる距離はないことに注意する。このことは，一般に力はモーメントアームに対して斜め方向から作用することが多いので重要である。
　トルクの定義の式より，物体を回転させるために必要な力 F は，回転軸（中心）からの垂直距離 d に反比例することがわかる。つまり回転軸から，より離れた（d が大きい）部分を垂直に押すようにすれば押す力 F は小さくて済む。このため，ドアや戸棚の扉の把手は回転軸（蝶番がついている縁）から最も遠いところについている。

トルクの単位は N・m（ニュートン・メートル）である。

Q1.27　水平な板の上に置かれた球が静止している。板を少しずつ傾けると球は転がりはじめる。それはなぜか。

Q1.28　質量が 2 kg で長さが 1 m の，材質が均質な棒がある。この棒のどこかに支点をおき，右端に質量が 3 kg のおもりをつけて棒を床に対して平行になるようにしたい。支点をおもりから何 cm の位置におけばよいか。

▶把手は，常に垂直に押すようにするのが力学の素養に富む人の常識である？

1.7　物体の静止平衡

1.7.1　物体とその重心

（1）物体を持つ，支えるということ

　宇宙船の中では，円板をのせた手を 90° 傾けても落下しない。しかし地球上では手を傾けると円板が滑り落ちる。地球上では，手が円板を支えて落下しないようにしている。「手が支えている」とはどういうことだろうか。力学的に表現すると，円板を下向きに引っ張る重力に対抗する力（抗力という）を手が働かせることである。

（2）重　　心

　次に円板を 1 本の指先で支えてみる。コツは円板の中心を指先に乗せることである。円板の中心を支えることにより円板全体を安定に支えることができたのは，そこに中心に円板全体の重量が集中してからである。そのような点を重心（center of gravity）と呼ぶ。

　1）質量中心と重心

　物体の質量のすべてが集中していると考えられる中心を質量中心（center of mass）という。一般に質量中心と重心とは一致するが，質量中心は重力とは関係なく物体に存在するので物理学では質量中心をつかうことが多い。なお，重心は物体の全重量が集中していると考えられる中心で重力に関係する。

　2）重心は物体のどこにあるか

　円板の重心は，通常，円の中心点にある。もちろん円板の厚さや材質が円板の部分によって違うと話は別である。

Q1.29　重心は，いつも物体の中にあるか。

（3）身体の重心

　立位で両腕を下げた場合，重心の位置は床面から測った高さで身長の約 56%* のところにあるいわれている。立位姿勢で両腕を頭上に伸ばすとどうなるだろうか。重心は 4 〜 6 cm 上方に移動する。片腕だけ頭上に伸ばしたときの重心位置はどうなるだろうか。両腕を頭上に伸ばしたときよりも重心は低い位置になる。

＊　男子成人では 56 〜 57%，女子成人では 55 〜 56% のところにある。

Q1.30 体重計を2つ床に並べ，高さを同じにする。それぞれの体重計に片足ずつのせて立つ。(1) 左腕を下げて左脚につけ右腕だけを真横に上げた姿勢で体重計にのった。体重計の数値はどうなるか。(2) 両腕を下げて脚につけ体重を両足に半分ずつかけるつもりで体重計にのった。しかし体重計の数値は右側のほうが大きかった。これは何を意味するか。

(4) 物体の形と置き方（平衡位置）

10円硬貨（5円または1円でも可）をテーブルに置くように指示されて，硬貨を立てて置こうとする人は多分いないはずだ。もちろん立てて置くことはできるが…。立てて置くか，横にして置くか。どちらも一応，バランスが保たれている（平衡位置にある）。硬貨には平衡位置が2つある。

次に直方体の箱の置き方を調べてみよう。平衡位置は3つあることがわかる。一般に，物体の平衡位置は1つだけとは限らない。その形によっては2つ以上ある場合もある。

(5) 物体の平衡位置

立てて置かれた硬貨は，いちおう平衡位置にあるが，安定性が低いので倒れやすい。ちょっと指でふれるとすぐに倒れ，より安定な平衡位置（横にして置かれた状態）に向かう。

次に硬貨を3枚重ねてかるくのり付けしてから立てて置いてみよう。横から指先でちょっと押して離すと左右にゆれるが，やがてそのゆれ（振動）もおさまって元の平衡位置にもどる。つまり倒れない。今度は横から指先で押して傾け続けてみよう。ある角度以上に傾くと振動なしで倒れることがわかる。

この硬貨の置き方の実験から，平衡位置には安定平衡，不安定平衡（振動がみられない），準安定平衡（振動がみられる）があることがわかる。

Q1.31 削った鉛筆には3つの平衡位置がある。探してみよう。

(6) 物体の安定性

物体の位置の安定性は何によって決まるだろうか。特に重心の位置と支持面（基底面）の関係が重要である。

物体の重心から下ろした鉛直線（重心線あるいは重力線という）と物体の底面（支持面あるいは基底面という）の関係を考えてみよう（図1.5）。aとbを比べてみると，aのほうが安定して見える。その根拠は，重心の位置がより低く，支持面がより広いことである。cはどうであろうか。支持面はbと同じように小さい。しかしbよりも安定に見える。それは仮に一時的に重心線が支持面の外へずれたときでも転がることに

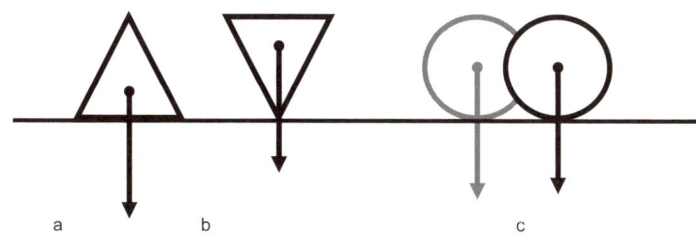

図 1.5 物体の重心と安定性

よって，重心線を支持面の上にくるよう保ち続けて倒れるのを防ぐことができるからである。

Q1.32 立位で，両足を開いて床の上に立つと姿勢は安定するが，片足で立つとゆれて不安定になるのはなぜか。

1.7.2 重心の移動

図 1.6 a では身体を曲げても倒れない。重心線は両足がつくる支持面内にあるからである。図 1.6 b では身体が前へ倒れる。重心線は両足がつくる支持面外に出るからである。つまり姿勢を変えると重心線の位置は移動するのである。

▶一般に，物体の形に変化が起こると重心は移動する。

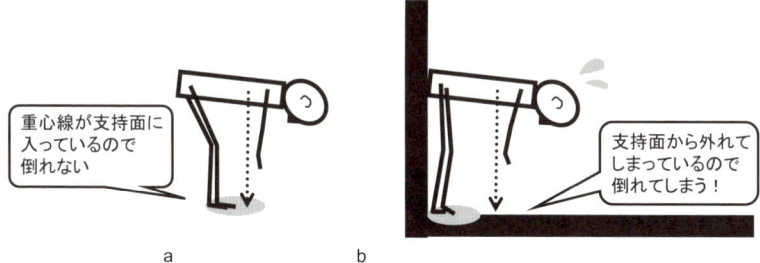

図 1.6 重心線と安定姿勢

Q1.33 壁から左肩を 10 cm ほど離して横向きに立ち，右足を右横にあげてみよう。左肩は自然に壁にふれるようになる。なぜか。

Q1.34 赤ちゃんをおんぶした人の姿勢は前かがみになるのはなぜか。

Q1.35 床の上に座っているときは，目をつぶっていても倒れない。しかし立っているときは，目をつぶると身体がゆれて倒れそうになる。なぜか。

1.8　物体の動的平衡

これまでは，静止平衡の状態にある物体（剛体）を扱ってきた。本節では動的な平衡の状態にある物体や複雑な運動をしている物体について考えてみる。

(1) トレイを指先で支える実験

トレイ（円形）を指先で支える場合，トレイの重心以外のところを指で支えようとするとバランスをくずして落ちてしまう。しかしトレイの中心（＝重心）を指で支えるとバランスが保たれて落ちない。落ちないのは，まず重心に下向きに働く重力と上向きに指が支える力がつり合うからである。指先で支えられたトレイを真横から見ると，指先を支点とするシーソーのような動きをする。トレイの重心を支点（＝回転軸）として左右（あるいは前後）のトルクがつり合ったとき，「棒」の両端は時計回り方向にも反時計回り方向にも回転しなくなりつり合う。

(2) 物体がつり合うための 2 条件

上の実験でわかったことを一般化すると，物体（剛体）がつり合うための条件は次の 2 つにまとめられる。

1) 並進運動をしない。

上下・左右・前後のいずれの方向にも直線運動をしない。これは物体に作用する x, y, z 方向の力の成分 F_i がつり合っていることを意味する。式で表すと，外力の総和　$\Sigma F_i = 0$

2) 回転運動をしない。

回転運動をしないのは，ある回転軸の回りの時計回り方向のトルクと反時計回り方向のトルクが釣り合っているためである。回転運動全体のつり合い条件は，外力のトルクの総和　$\Sigma \tau_i = 0$

1.9　て　　こ

てこ（図 1.7）は，第 1 種のてこ (a)，第 2 種のてこ (b)，第 3 種のてこ (c) に分けられる。

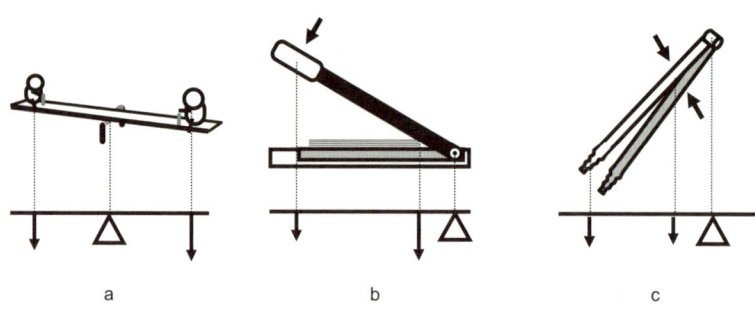

図 1.7　てこの種類

動かないよう固定されている点を支点，押すなどの力を加える点を力点，重い物体などを置く（あるいは負荷をかける）点を作用点または荷重点という。てこでは，前述の物体がつり合うための 2 条件，特に支点（＝回転軸）のまわりの時計回り方向のトルクと反時計回り方向のトルクを常に意識するようにする。

Q1.36　中央に①支点,②作用点,③力点がある「てこ」の例をそれぞれあげよ。
Q1.37　ニッパー式ではない爪切りにはどんな種類の「てこ」が使われているか。

▶爪切りは大型のものほど,楽に爪を切ることができる。上側のレバー部の長さ(第1種の「てこ」における支点と力点の間のモーメントアームに相当)をフルに生かすよう,レバー部の端に親指をかけると,モーメントアームが長くとることができ,力のモーメントが大きくできるからである。

1.10　滑車,斜面
1.10.1　滑　　車

滑車には,図1.8に示すように定滑車aと動滑車bの2種類がある。定滑車は各種の牽引療法に共通して用いられている(2章を参照)。

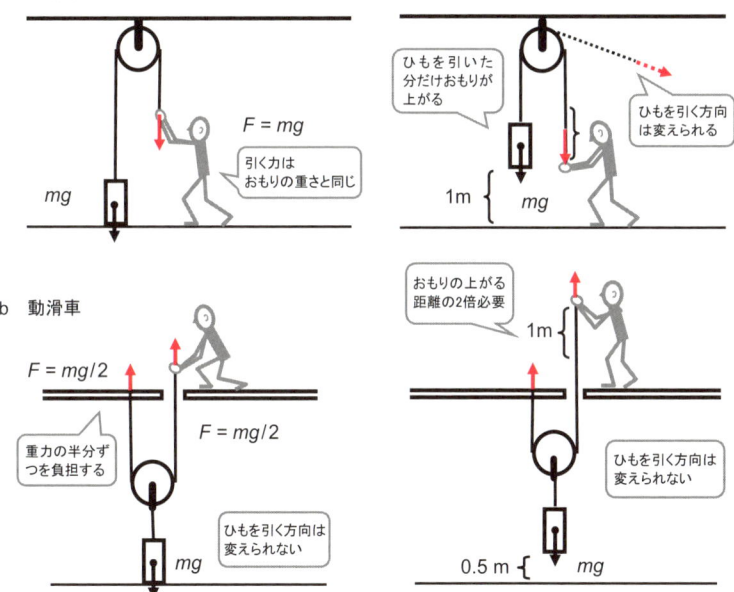

図1.8　定滑車と動滑車

(1) 定滑車の特徴
・ひもを引く方向を変えられる。
・ひもを引く距離は物体が上がる距離と同じ。
・ひもを引く力は物体の重さと同じである。
・滑車を吊る部分にかかる力＝滑車の重さ＋物体の重さ＋ひもを引く力

(2) 動滑車の特徴
・ひもを引く方向は変えられない。
・ひもを引く距離は物体が上がる距離の2倍である。
・ひもを引く力は物体の重さの半分*で済む。

＊　実際には図1.8より,ひもを引く力には滑車の重さ分も加わることがわかる。

Q1.38　定滑車で,質量10 kgの物体を0.5 mの高さまで持ち上げるのに必要な仕事はいくらか。

1.10.2 斜　　面

かかえて運ぶことが困難な重い物体を低い位置から高い位置へ移動させたいとき，我々は斜面（図 1.9）を利用する。斜面を利用すると，なぜ力が少なくて済むのだろうか。

(1) 摩擦を無視できる場合

斜面の上にある物体（質量 m）にかかる下向きの力は mg である。ここで g は重力加速度である。

下向きの力 mg は，斜面に沿ってずり落ちようとする分力 $mg \sin \theta$ と斜面に押しつけられる分力 $mg \cos \theta$ とに分けられる（図 1.9 b）。

物体を斜面に沿って押し上げるのに必要な力は，斜面に沿ってずり落ちようとする分力 $mg \sin \theta$ とつり合う。

(2) 摩擦を無視できない場合

摩擦があると，物体を面に沿って押そうとするとき，その分だけ抵抗を受ける。面が水平なとき，物体と面との摩擦力は $F = \mu N$ である（1.4.1 を参照）。N は，水平面では mg であり，斜面では斜面に押しつけられる分力 $mg \cos \theta$ に等しい。

したがって摩擦力に逆らって物体を斜面に沿って押し上げるのに必要な力 F は，摩擦がないときに斜面に沿ってずり落ちようとする分力 $mg \sin \theta$ に，押し上げる際に受ける摩擦力 $\mu \cdot mg \cos \theta$ を加えたものに等しい。

$$F = mg \sin \theta + \mu \cdot mg \cos \theta$$

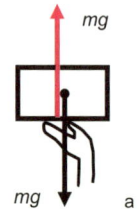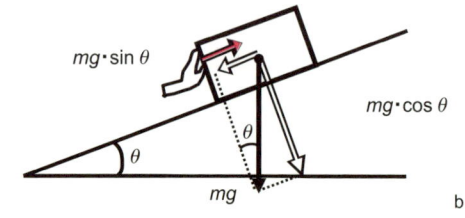

図 1.9　斜面

Q1.39　質量 m の物体を斜面上に置いて支えるのに必要な力は，それをつり下げるのに必要な力よりも小さいことを説明せよ。ただし摩擦係数 μ をゼロとする。

質量 m の物体を高さ h まで引き上げるのに必要な仕事は，斜面を利用して同じ高さに押し上げる場合の仕事と同じになる。しかし物体を押し上げる力を小さくできると楽だと感じるので斜面はよく利用される。

▶仕事量が同じなら，スロープを使って車椅子を押す方が，小さい力で済むだけでなく，安全性の面からも望ましい。ただし，時間はかかる。

Q1.40　車椅子に座った患者を高さ h のところに移動させたい。スロープを使うときの仕事は，車椅子ごとかかえて階段を上るときの仕事よりも小さいだろうか。ただしスロープの摩擦係数はゼロとする。

1.11 固体の弾性

これまでは物体を剛体, すなわち外力を受けても変形しない物体として取り扱ってきた。実際には, 外力を受けると, すべての物体は変形する。人体の力学モデルを考える場合には, このことに留意する必要がある。特に褥瘡を防止する際には重要である（1.11(5)を参照）。なお, 変形は, 物体の形状や大きさに現れる（表1.3）。

表 1.3 外力と変形の例

外力	変形	
	硬い材料	軟らかい材料
圧縮する	中間部が破断する。断面は斜め*。	中間部が脹らむ。
引っ張る	中間部が破断する。断面は軸に直角。	伸びて中間部が細くなり, 最後にはそこが破断する。断面は軸に直角。
曲げる（外側が引っ張られ, 内側は圧縮される）	中間部が折れる。断面は軸に直角。例：曲げによる骨折	折れずに曲がる。
ねじる	中間部が破断する。断面ははらせん状。例：ねじりによる骨折	破断せずにねじれる。

* 軸に対する破断面の角度は材料によって異なる。

(1) 弾性率

物体に変形を起こす外力を単位断面積あたりに直したものを応力という。変形の程度は「ひずみ」と呼ばれ, 応力が十分小さいときのひずみは応力に比例する。その比例定数は弾性率と呼ばれ, 物体の材料と変形の性質に依存する。

　　弾性率 = （応力）/（ひずみ）

(2) 主な変形の性質と弾性率

1) ヤング率

固体試料の長さの変化に抵抗する度合いをヤング率（またはヤングの弾性率）という。

　　ヤング率 $Y \equiv$ （引っ張り応力）/（引っ張りひずみ）

2) せん断弾性率（ずり弾性率）

互いに擦れ合う方向にずれる2つの固体面のずり（せん断ひずみ）に対する抵抗の度合いをせん断弾性率（ずり弾性率）という。

　　ずり弾性率 $S \equiv$ （ずり応力）/（ずり）

3) 体積弾性率

固体または液体の体積変化に対する抵抗の度合いが体積弾性率である。体積弾性率の逆数は圧縮率と呼ばれる。

　　体積弾性率 $B \equiv$ （体積応力）/（体積ひずみ）

▶液体は流動するので, 引っ張り応力もずり応力も保てない。

(3) 骨の強度

骨の断面にかかる力 F を断面積 S で割った値 P（≒骨の強度）はどの

▶身体が肥満しても骨はほとんど太くならないので骨への負担が増すことになる。

部位の骨でもほぼ一定といわれている。したがって骨は，その断面積が大きいほど（太いほど）大きい力に耐えられる。

$$F = PS$$

(4) ずり応力，ずり弾性率

机に置いた分厚い本の表紙に手をおいて背表紙とは反対側の方向に力を加えると本の断面は平行四辺形になる（図 1.10 b）。机と接触している本の裏表紙は机から摩擦力を受けて机に固定されているので表表紙のように大きく横方向に移動できないからである。

一般に直方体の形をした物体の平行な 2 つの面のうち 1 つの面に力 F を作用させ，反対側の面を摩擦力 f_s で固定するときは，横から見ると，平行四辺形に変形する応力が生ずる（図 1.10 a）。これをずり応力（またはせん断応力）という。

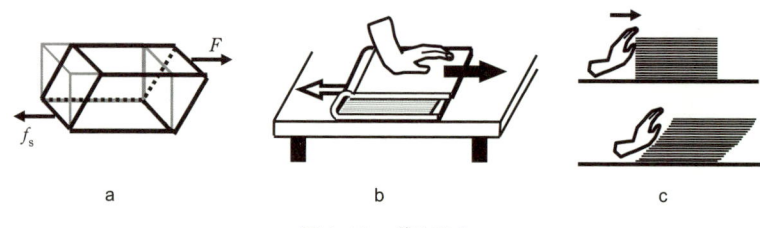

図 1.10　ずり応力

(5) ずり応力と褥瘡

1) ギャッチベッド

ギャッチベッド[*1]を操作して上体を起こしたときに上体が下方へずれるとずり応力が生じる。身体の軟部組織にずり応力[*2]がかかると軟部組織が引き伸ばされ，褥瘡を発症するといわれている。

上半身を起こしたときの角度は 30°以下が良いとされている。これ以上，角度を上げると，上体が下方へずり落ち，皮膚表面と皮下脂肪組織との間にずれが起こる。

2) 車椅子

車椅子に座っているとき，身体が次第に足側にずれて，殿部の軟部組織が頭側にずり上がって引き伸ばされると，骨突出によって圧を受け尾骨や仙骨部に褥瘡が発症するといわれている。

1.12　圧　　　力

1.12.1　圧力とは何か

図 1.11 のように短い鉛筆の平らな端と尖った端を親指と人差し指で挟む。どちらが痛いか。尖った端の方が痛い。この違いは何によるのか。力 F はどちらの場合も同じなので，力が作用する面積 A の大きさによる。力が作用する面積が小さくなればなるほど，力がその場所に及ぼす効果

[*1] ベッドの上半分または下半分を手動か電動で上げ下げできるベッドのこと。

[*2] 実際には，ずり応力だけでなく，圧縮応力や引っ張り応力も加わる。

はより大きくなる。単位面積あたりの力を圧力 p という。

$p = F/A$

　鉛筆の尖った端を押さえている指にかかる圧力が平らな端を押さえている指にかかる圧力よりも大きいので痛く感じるのである。

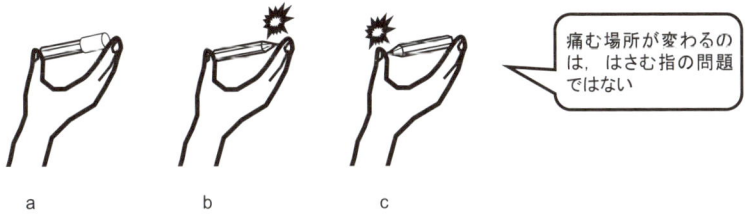

図 1.11　鉛筆を親指と人差し指ではさむ

Q1.41　質量が 1,600 kg の自動車が平らな舗装道路に静止しているとき，1 本のタイヤの接触面積は 200 cm² であったとしよう。このタイヤが路面に及ぼす圧力はいくらか。

▶車のタイヤに足を踏まれても，ほとんどダメージを受けない。

1.12.2　注射針

(1) 注射針

　注射針の先端はなぜとがっているか。とがっていると皮膚に接する面積が小さいので同じ力を加えた場合，大きな圧力を生じ，刺しやすくなるためである。

(2) 痛みの少ない注射針（図 1.12）

　「ナノパス 33」（テルモ㈱製品）は先端がわずか 0.2 ミリ（33 ゲージ）

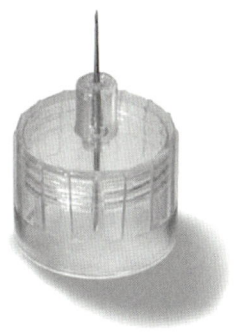

a　全体

b　ダブルテーパー構造

図 1.12　痛みの少ない注射針
テルモ株式会社　提供

で，従来一般的に使われているインスリン用注射針 0.25 ミリ（31 ゲージ）と比べ，およそ 20％も細い。また，単に針先を細くするだけでは注入抵抗が高くなり，注入しにくくなるが，針の外径・内径をダブルテーパー構造（図 1.12 b）にすることで，薬液を注入する際の抵抗を抑えている。

皮膚に接する針の先端の面積がきわめて小さいので穿刺の際，大きな圧力を生じるため刺しやすい。また，針の先端が痛点と痛点の間に入る確率が増すので痛みを感じにくいといわれている。

1.12.3 体圧とその分散

体圧がかかりやすいところは座位では臀部，側臥位では骨の出た部分であるといわれている。体圧とは何だろうか。身体にかかる圧力（単位は Pa）である。

圧力の定義を思い出そう（1.12.1 を参照）。この場合の力は身体の重量であり，面積は物体が身体と接触している表面の面積である。全表面積で身体の重量を割って得られる圧力は平均圧力である。身体の各部位の圧力は，その部位によって異なる。「臀部や骨の出た部分」は他の部位よりも重いので，そこの圧力は他の部位よりも高くなる。つまり体圧は身体の部位によって異なる。

身体の特定の部位の体圧が高い状態を長く保っていると，その部位の軟らかい組織は変形した状態を続けることになるのでさまざまな問題を生じる可能性が高まる。そこで特定の部位の体圧が高くならないように工夫する必要がある。特定の部位の体圧を他に部位に逃がす，すなわち分散するために，我々は，椅子に座布団を置いたり，ときどき立ち上がったり，寝返りをうったりして，同じ体位を長く続けないようにしている。

自分で体圧を分散できない場合には，体位変換の介助（2 章を参照）を受けたり，体圧を分散する効果があるマットレス・ベッド（1.12.3（1）〜(3)を参照）を使ったりすることになる。

(1) 体圧とマットレス

硬い床の上に仰向けに寝ると（仰臥位），体重は頭部，肩甲骨部，仙骨部，足部で支えられる。したがってマットレス*の上で仰臥位を取った場合，これらの荷重部位がマットレスから受ける圧力は他の部分よりも大きい。それらの圧力を小さくするためには体重を受ける場所を上の 4 点以外にも増やし，できるだけ広い面積で体重を受けるようにする。そのためには，体の凹凸にフィットするように作られた体圧分散寝具（マットレスなど）が役立つ。

(2) スプリングマットレス

硬い床の上に寝るよりは，スプリングマットレスの上に寝る方が快適だと感じる。それは体圧を分散する効果があるからである（図 1.13 a）。

＊ マットレス（mattress）の語源は「クッション」である。

スプリングが柔らかいマットレスは短時間なら快適感を与えるが，使用時間が長くなると腰部に痛みを覚えるようになる。身体の重い部分（仙骨部など）が沈み込み，腰部脊椎の前彎が強まるからである。健常者でも軽い痛みを感じるので，腰椎椎間板ヘルニアの患者の場合には痛みが増す。

スプリングを硬くすれば腰部脊椎の前彎という問題は解決されるが，別の問題が浮上する。スプリングが硬いマットレスは，荷重が大きい身体部位に他の部位よりも強い反発力を及ぼす*。そのため大きい荷重の部位が痛くなる。このマットレスから身体が受ける不均等な反発力を緩和してくれるのがベッドパッドである。

＊ 図1.13 a でバネの伸び縮みに注目。

(3) ウォーターマットレス（＝ウォーターベッド）とスプリングマットレスにおける体圧分散

図1.13 は，臀部断面がスプリングマットレスおよびウォーターベッドから受ける反発力の大きさを矢印の長さで示している。スプリングマットレスでは反発力が中心部で大きく周辺で小さい。それに対して，ウォーターベッドでは反発力が均等であり，その結果，各部分における反発力が小さい。これはパスカルの原理がはたらくためである（詳細は第4章を参照）。

a スプリング

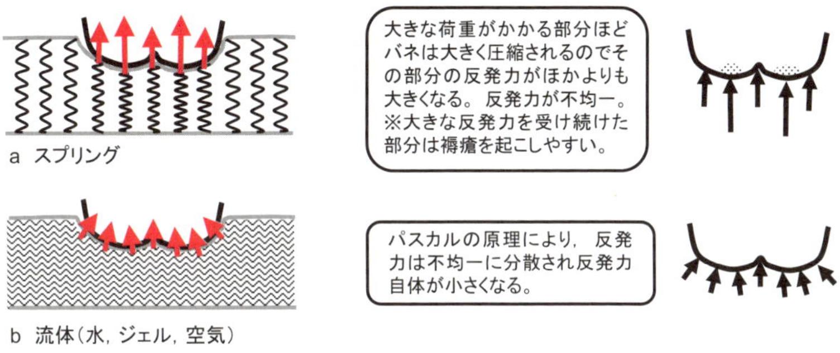

大きな荷重がかかる部分ほどバネは大きく圧縮されるのでその部分の反発力がほかよりも大きくなる。反発力が不均一。
※大きな反発力を受け続けた部分は褥瘡を起こしやすい。

b 流体（水，ジェル，空気）

パスカルの原理により，反発力は不均一に分散され反発力自体が小さくなる。

図1.13 マットレスの反発力

(4) シーツのしわ

しわのあるシーツの上に直に背中をつけて寝ると身体にしわの痕がつく。シーツのしわの凸部の面積は小さいのでそこから背中が受ける圧力（圧力は体重÷面積）はシーツの平らな部分から受ける圧力よりも大きいからである。しわの痕がつくような状態を長く続けると体表面の血流が阻害され褥瘡につながる可能性が増す。したがってベッドのシーツはピンと張って動かないようにし，しわを防ぐようにする。

解　答

Q1.1 手を前に突きだしてから上にあげる動作をすると，手は初めに直線運動をし，続いて肩関節を軸にした回転運動をすることになる。

Q1.2 ボールもバットも，その重心は放物線の軌道を描く。さらに，ボールは重心を軸として回転運動をする。バットは不規則に回転しているように見えるが，実際には重心を軸にして回転運動をする。

Q1.3 衝突から停止までの間，自動車は等加速度運動をしたと仮定する。$v^2 - v_0^2 = 2a(x-x_0)$ に $v = 0$ km/h, $x_0 = 0$ m を代入すると，$-v_0^2 = 2ax$ これより加速度 a は $a = -(v_0)^2/(2x)$ この式に $v_0 = 100$ km/h, $x = 1$ m を代入すると，$a = -(100 \text{ km/h})^2/(2 \times 1 \text{ m}) = -(30 \text{ m/s})^2/(2 \times 1 \text{ m}) = -450 \text{ m/s}^2$

加速度 $a =$ （速度 v − 初速度 v_0）/ 時間 t より　$t = (v - v_0)/a$ この式に $v = 0$ m/s, $v_0 = 30$ m/s, $a = -450$ m/s² を代入すると，衝突してから停止するまでの時間 t は $t = (0 - 30 \text{ m/s})/(-450 \text{ m/s}^2) = 0.067$ s

Q1.4 人に押される，ボールを投げる，バッグを持ち上げる。これらは直接，人が物体に触れて力を及ぼす例である。このような力を接触力という。しかし接触力が力のすべてではない。例えば牽引療法における抑制帯としての砂嚢（2.6を参照）は下向きに力を及ぼす。これは物体の重量による力である。物体に直接，触れなくても力を及ぼすことはできる。例えば磁石に鉄片が引っ張られる，高いところにある岩が自然に落下する。これらの例では，それぞれ磁力，重力が働いている。これらの力は場の力と呼ばれる。

Q1.5 まず追突前を考える。停車している大型車の速度はゼロなので，その運動量は $p_2 = m_2 \times v_2 = 1,800$ kg $\times 0$ m/s $= 0$。小型車の運動量は $p_1 = m_1 \times v_1 = 900$ kg $\times 20$ m/s $= 1.80 \times 10^4$ kg m/s。追突前の運動量の和 $p_i = 0 + m_1 \times v_1 = 1.80 \times 10^4$ kg m/s

追突後の2台の車の塊は運動量 p_f と速度 v_f をもつとすると，$p_f = (m_1 + m_2)v_f = (2,700 \text{ kg})v_f$
運動量保存の法則より，追突前の運動量の和＝追突後の運動量の和だから
$p_i = 1.80 \times 10^4$ kg m/s $= p_f = (2,700 \text{ kg})v_f$　v_f について解くと，$v_f = (1.80 \times 10^4 \text{ kg m/s})/(2,700 \text{ kg}) = 6.67$ m/s。

Q1.6 飛び降りるとき椎体は下方に向かって動く。慣性の法則が作用するので着地したときにも引き続き下向きに動こうとする。しかし着地と同時に地面からは上向きの反作用力を受けるので，隣接する椎体同士は強く圧縮される。椎間板は線維輪と髄核からなり弾力性があってクッションの役目もはたしている。椎間板がその圧縮力を吸収できなくなって髄核が正しい位置から後方に脱出すると，いわゆる椎間板ヘルニア（図1.1）を起こすのである。

Q1.7 追突されたとき，頭部以外の上半身はシートに密着しているのでシートごと前方に押されるが，慣性の法則によって，頭部は静止し続けようとする。しかし前方に動く上半身が首をとおして頭部を一緒に前方へ動かそうとする。その結果，首は大きな力で無理な動きを強いられる。この外力に首が耐えられるうちは問題ないが，外力が大きくて頚部が衝撃的な振れ方をすると，頚部の挫傷（くびの捻挫）の後，外傷性頚部症候群（むち打ち症）が発症する可能性が高い。

Q1.8 上体は強制的に起こされても，頭部は慣性の法則によって元の位置に静止し続けようとする。そのため頚部は「く」の字に曲げる力を受けることになる。

Q1.9 $F = ma$ に $F = 10$ N, $m = 10$ kg を代入すると，加速度 a は 1.0 ms^{-2} となる。

Q1.10 力学的には正しくない。問題点は2つある。1つ目は，kg は質量の単位なので，体重ではなく「体の質量」というのが正しい。2つ目は体重という言葉を使うなら，単位を kg ではなく kg 重あるいは N（ニュートン）とするのが正しい。この場合，体重は kg 重か 55.0 kg $\times 9.81$ ms^{-2} $= 539$ kg ms^{-2} $= 539$ N（ニュートン）と表す。

Q1.11 1.00 kg 重 $= 1.00$ kg $\times 9.81$ ms^{-2} $= 9.81$ kg ms^{-2} $= 9.81$ N（ニュートン）。

Q1.12 体重計を2つ並べて，それぞれに片足をのせる。それぞれの体重計が示す数値がそれぞれの足にかかる重量である。

Q1.13 人はベッドに力を及ぼし，ベッドは人に反対方向の力（反作用）を及ぼす。ベッドは床に力を及ぼし，床はベッドに反対方向の力（反作用）を及ぼす。それぞれの力がつり合っているので人もベッドも動かない。

Q1.14 図1.8のように，天井に見立てた大きな板に穴を開け，その穴をとおして物体をつり下げ，そのひもを持ってみると下向きの力を感じることができる。

Q1.15 例えば，身体に外部から加えられる重力，慣性，摩擦などに抗力として筋収縮力がある。また筋の両端を引き寄せようとするときには筋張力が働く。

Q1.16 仕事は $W = Fd$（1.3.3を参照）で求められる。

ここで $F = 50$ kg 重. d は階段の高さ h に等しい. h は, 0.20 m/段×30 段 = 6 m ∴ $W = Fd = Fh = (mg)h$ = 50 kg 重×6 m = (50 kg×9.8 m/s²)×6 m = 2,940 Nm = 2940 J

Q1. 17 ゴムひもを引っぱって伸ばすとゴムひもに位置エネルギーが与えられる. 伸びたゴムひもを開放すると位置エネルギーが減少する. そのエネルギー減少分は, エネルギー保存則により, 運動エネルギーに変わるのでゴムひもの端は勢いよく元の状態に戻る.

Q1. 18 物体の重量 mg は下向きの力となる. 物体を持ち上げるには, 同じ大きさで上向きに力を加える必要がある. 上向きの力に平行な移動距離は, 物体を持ち上げる高さ h に等しい.
$W = Fd = Fh = (mg)h = 50$ kg 重×1.5 m
= (50 kg×9.8 m/s²)×1.5 m = 735 Nm = 735 J

Q1. 19 坂を上る運動あるいは階段を上る運動は自分の体重を持ち上げることになる. したがってその分, 平地を歩くときよりも余分な仕事をしなければならない.

Q1. 20 角度 θ ができるだけ小さくなる位置にロープを下げて引く. 例えばロープを腰に結ぶ.

Q1. 21 $W = Fd = (mg)d = (50$ kg 重$)×(1.5$ m$) = (50$ kg×9.8 m/s²$)×(1.5$ m$) = 735$ Nm $= 735$ J よって $P = W/t = 735$ J/1.5 s $= 490$ W

Q1. 22 (1) $W_F = Fs = (F\cos\theta)d = (50$ N×$\cos 45°)×(5$ m$) = 177$ N·m $= 177$ J (2) $W_f = (-f)d = -10$ N×5 m = -50 N·m = -50 J (3) 垂直抗力と重力はともに変位に対して垂直なので仕事をしない. それゆえ, 物体に作用する力が行う正味の仕事は, $W_{net} = W_F + W_f = 177$ J-50 J $= 127$ J

Q1. 23 この問題には力積 $F\Delta t = \Delta(mv) = (mv_f - mv_i) = \Delta p$ が関係する. トイレットペーパーをゆっくり (Δt を大きくする) と一様に引っ張ると, 運動量 p がロールに少しずつ移されるので, 紙全体が静止した状態 ($v_i = 0$) から運動している状態 (v_f) に徐々に変化する. したがって紙に加わる力 F は小さいので破れない. 一方, 急に引く (Δt を小さくする) と, 紙に加わる力 F が非常に大きくなるので, ロールが回転する前に紙が破れてしまうのである.

Q1. 24 どちらの場合も床が吸収する運動量の変化量 $\Delta(mv)$ は同じであるが, じゅうたんを敷いた床では運動量の変化を吸収する時間が長い (その間, 繊維が押し縮められる). したがって, $F\Delta t = \Delta(mv)$ において Δt が大きいので膝が床から受ける力 F が小さくなる. つまり, それほど痛くないのである.

Q1. 25 この場合は角運動量保存則がはたらくので, $mvr = $ 一定. また質量 $m = $ 一定. よって $vr = $ 一定. したがって半径 r が小さくなるほど回転の速さ v が大きくなる.

Q1. 26 重心の位置が高い上に, 自転車が少し傾くと重心線が支持面外に出るので不安定になり倒れやすい. 走行中は, 車輪が角運動量をもち直進の慣性が働くので倒れにくい.

Q1. 27 板が水平なときは球の重心が支持面 (=接触面) の上にある ($d = 0$) ので静止できる. しかし板が傾くと球の重心線は元の支持面の外の, 球が転がる方向に寄った位置にずれる. 結果, 球に働く重力 F がトルク ($\tau = F×d$) を生じるので球は転がる.

Q1. 28 棒を床に対して平行になるようにするには支点のまわりの時計回り方向のトルクと反時計回り方向のトルクをつり合わせればいい. まず棒の重心の位置をさがす. 棒の材質が均質なので重心は, 棒の真ん中, つまり端から 50 cm のところにある. 次に棒の質量はその重心に集中するとし, 支点はおもりから r cm の位置にあるとすると, 棒を時計回り方向に回転させるトルクは (3 kg)×(重力加速度 g)×(r cm), 反時計回り方向に回転させるトルクは (2 kg)×(重力加速度 g)×$[(50-r)$ cm$]$ である. つり合っているときはこの2つのトルクが等しいので (3 kg)×(r cm) = (2 kg)×$[(50-r)$ cm$]$
∴ $r = 20$ cm

Q1. 29 そうとは限らない. 例えば, 円板の重心は円板の中心点にあるが, その円板の中心部をくりぬいてつくったドーナツ板の重心はドーナツ板上には実在しない. ドーナツ板の中心点にあるが, そこは何もない空間で支えようがない. 同じような例を硬貨からさがすと, 重心が, 物体の中にあるのが 10 円硬貨, 物体の中にないのが 5 円硬貨だ.

Q1. 30 (1) 体重計の数値は右側のほうが大きい. それは身体の重心が右側に寄っているからである. (2) 身体の重心が右側に寄っている. 首が右側に傾いている, 上体が右側に傾いているなどの原因が考えられる.

Q1. 31 鉛筆は, 横に置かれたときが安定平衡, とがった先端 (芯を平らにしておく) で立っている状態が不安定平衡 (振動がみられない), 平らな先端で立っている状態が準安定平衡である.

Q1. 32 立位で両足を開いて床の上に立つとき, 重心線は両足がつくる支持面内にあるので安定である. 一方, 片足で立つとき重心線は片足がつくる支持面内にあるので一応安定ではあるが上の場合よりは不安定である. そ

のため絶えずバランスをとる必要が生じてゆれることになる。

Q1.33　① 右足を右横にあげると重心が右側に移動する。② 一方，上体を左側に傾けると重心が左側に移動する。右足を床から離した段階で，両足がつくっていた元の支持面はなくなり，新しい支持面は左足だけがつくる，より小さいものになる。右足を右横にあげたときの重心線が新しい支持面内に残るようにするためには，① の動きを ② の動きで打ち消せば良い。つまり，上体を左側に傾け，右足を右横にあげたときの全体の重心が新しい支持面の上にくるようにするので，左肩は自然に壁にふれるようになる。

Q1.34　直立した姿勢で赤ちゃんをおんぶすると，赤ちゃんの重心と自分の重心を結ぶ点（全体の重心）が後ろにずれるので倒れそうになる。そこで前かがみになることによって全体の重心を前に移動させて重心線（重力線）が支持面内にはいるようにしている。

Q1.35　物体は重心の位置が低いほど安定である。立っているときよりも座っているときの方が重心の位置が低いため倒れにくい。

Q1.36　下の表に示す。

てこの種類	特　徴	例
第1種（支点の左右に力点と作用点がある）	力点のモーメントアームを作用点のそれよりも長くすれば，少ない力で，大きな作用を生み出せる。	洋ばさみ，くぎ抜き
第2種のてこ（作用点の左右に力点と支点がある）	力点のモーメントアームを作用点のそれよりも長くすれば，少ない力で，大きな作用を生み出せる。	裁断機，栓抜き
第3種のてこ（力点の左右に作用点と支点がある）	小さい力で，大きな運動範囲と運動速度をもたらす。	ピンセット，火ばさみ，和裁用はさみ

Q1.37　爪切りの上側のレバー部には第1種のてこが，下側の爪を挟んで切る「ピンセット」部には第3種のてこが使われている。

Q1.38　仕事 $W =$（力 F）×（距離 x）=（質量 m）×（重力加速度 g）×（距離 x）= 10 kg×9.8 m/s^2×0.5 m = 49 kg m^2/s^{2}m = 49 J

Q1.39　斜面の上にある質量 m の物体を支えるのに必要な力は，上で述べたように $mg \sin \theta$ である。一方，同じ物体をつり下げて支えるのに必要な力は mg である。$\sin \theta$ は，$\theta < 90°$ では 1 より小さいので $mg \sin \theta < mg$ である。すなわち斜面を利用すると，より小さい力で同じ結果を出すことができる。

なお，物体をつり下げて支える状況は，$\theta = 90°$ の斜面を利用する場合に相当する。そのときに必要な力は $mg \sin \theta = mg \sin 90° = mg×1 = mg$ である。

Q1.40　スロープは斜面なので，この問題は斜面に関する問題の 1 つとして解ける。斜面を利用して物体（質量 m）を押し上げるときに必要な仕事 W は Fd に等しい。ここで，$F = mg \sin \theta$，$h/d = \sin \theta$，$d = h/\sin \theta$ なので，$W = Fd = mg \sin \theta × (h/\sin \theta) = mgh$ となる。一方，質量が m の物体を高さ h まで引き上げるのに必要な仕事は mgh なので，斜面を利用して同じ高さに押し上げる場合の仕事と同じになる。

Q1.41　圧力＝力÷面積＝1,600 kg 重÷(4×200 cm^2)＝2 kg 重/cm^2

2 看護・介護のボディメカニクス

この章では，姿勢（posture）・動作（motion）・運動を力学的に観察し，それらに関係する身体各部（四肢，指，首，顔，脊椎など）の運動における，力の大きさと方向などを取り上げる。特に関節が係わる，身体各部の運動の力学（四肢，指，首，顔，脊椎）について焦点をあてる。

これらの領域は，ボディメカニクス（body mechanics，身体力学）やバイオメカニクス（biomechanics，生体力学）の領域と重なっている。

生体内のほかの運動（呼吸運動，心拍動，血液の流動）の力学は4章で扱う。

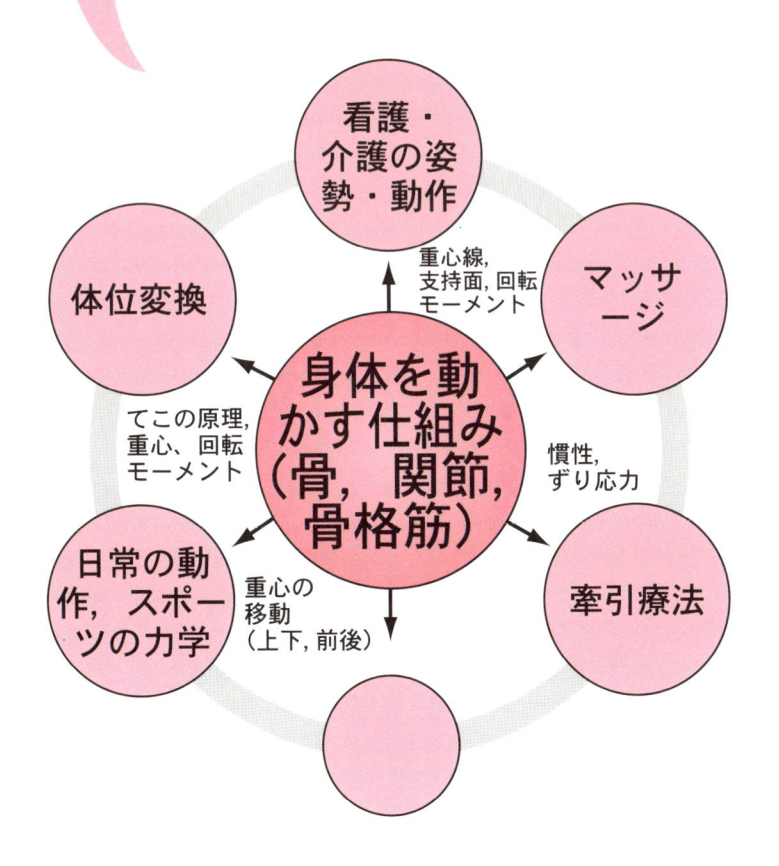

中心：身体を動かす仕組み（骨，関節，骨格筋）

- 看護・介護の姿勢・動作（重心線，支持面，回転モーメント）
- マッサージ（慣性，ずり応力）
- 牽引療法
- 日常の動作，スポーツの力学（重心の移動（上下，前後））
- 体位変換（てこの原理，重心，回転モーメント）

2.1　姿勢，動作，運動の力学的仕組み

人体の運動，及び看護，介護の動作は，骨格筋が収縮して骨を動かす関節運動あるいは一連の関節運動なので，まず人体の骨格，関節，骨格筋，などを理解しよう。

2.1.1　安定な姿勢と重心

キーワードは，支持面（または基底面），重心線，重心の位置である。

（1）立位や中腰で静止する

図2.1aに示すように，両足がつくる支持面内に重心線（下向きの矢印）が入るようにすると，姿勢が安定する。この場合は両足を開いているので支持面は広いが，もし両足をぴったりつけて立つと支持面が狭くなるので安定な姿勢を保つために筋肉は緊張を強いられ身体は疲労する。

両足を横方向に軽く開いた状態で，上体を前に大きく傾けると重心線は支持面からはみ出すので，身体は前に倒れる（図2.1b）。この場合，両足を前後にも広げると支持面が縦方向にも広がるので，重心線は支持面内に入り，身体が前に倒れなくなる。

両足を前後に広げるかわりに杖を前方につくと，両足と杖の接地点がつくる新しい支持面に重心線が入るので，前に倒れにくくなる（図2.1c）。

また杖を使うと体重を杖に分散させて下肢への負担を減らす効果もある。

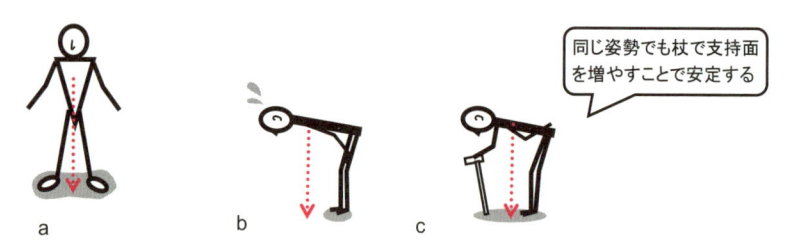

図2.1　支持面と重心線の位置

（同じ姿勢でも杖で支持面を増やすことで安定する）

（2）椅子からの立ち上がり

椅子に座っているとき（図2.2b），急に椅子を後ろに引かれると後ろにひっくり返る（図2.2a）。図2.2bの支持面は両足と椅子でつくられていて，重心線の位置は，椅子の座面の下にあるからである。

椅子から立ち上がる（図2.2c）には，重心線が支持面に入るように姿勢を変える必要がある。まず支持面が椅子の下に位置するように足をできるだけ椅子の下にずらす（①）。次に重心線をできるだけ前にずらすためにお辞儀をする姿勢をとる（②）。さらに両手を前方に伸ばすと重心線がいっそう前に移動し支持面内に入るようになる（③）。この状態で腰を上げると立ち上がることができる（図2.2dおよびe）。

この一連の動作は，健常者なら誰もが無意識のうちに行っているが，力学的な意味をきちんと理解しておくと，介助を効果的に行なうことができる。患者の身体状態によっては，前方に伸ばされた両手を軽く支えながら手前に引く介助動作で十分な効果をあげることができる。

a そのまま椅子を引くと、重心線が支持面から外れて倒れてしまう

c ①膝を曲げて足を下に入れる
②上体を前に傾ける
③できれば腕を前に伸ばす

d・e 椅子を引いても支持面に重心線が入っているので安定し、立ち上がることが出来る

図2.2　椅子に座っているときの重心位置

2.1.2　歩行の姿勢と重心

歩くという動作は，無意識のうちに行われている。しかし，歩行を介助するとなると話が違ってくる。あらためて歩行動作の力学的な意味をしっかり理解する必要に迫られる。

歩行している人を側面から観察した様子を図2.3に示す。前後に開いた両足が床に着いている姿勢は，重心線が両足でつくる支持面の中に入っていて安定である。図2.3cでは手前の片足だけがつくる狭い支持面に重心線があるので不安定である。この状態で進行方向の左横から外力が加わると右側に倒れやすい。それは重心線が容易に支持面外に出るからである。

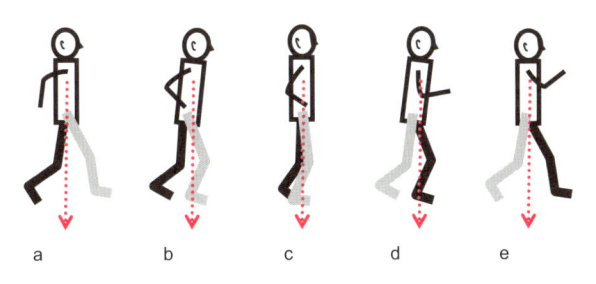

図2.3　歩行時の重心の水平移動

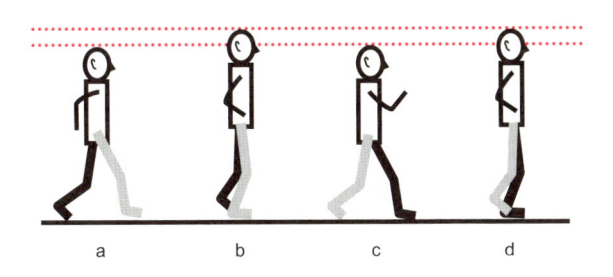

図2.4　歩行時の重心の上下移動

歩行時には頭頂部および腰部が上がったり下がったりする（図2.4）。これに伴って重心も上下に変動する。重心の上下動は力学的にどのような意味をもつのだろうか。物体の位置が高いと位置エネルギーが大きい（1章を参照）。重心の上下動は位置エネルギー mgh の h が変化することを意味する。歩行時の位置エネルギーは片足で立つとき（図2.4 b および d）が最大で，両足が開いて床に着いているとき（図2.4 a および c）が最小となる。姿勢が図2.4のbからcに変わると位置エネルギーは減少する。減少した位置エネルギーはどうなるのだろうか。エネルギー保存則にしたがって保存される。消えてしまうことはない。他の形のエネルギーに変換されて保存される。歩行の場合には，位置エネルギーの減少分が運動エネルギーの増加分に変換される。この運動エネルギーの増加分は前進の推力に寄与することになる。

2.2　身体を動かす仕組み

2.2.1　身体各部を動かす仕組み

(1) 基本要素：骨，関節，骨格筋

姿勢を安定させるために，身体は関係する部分を合理的に動かしている。身体各部を動かす仕組みの基本要素は骨，関節，骨格筋であり，これらの関係は次のようになっている（図2.5, 図2.6を参照）。

・骨と骨は関節でつながっている。
・関節の両側にある2つの骨には骨格筋の両端が付着している。
・骨格筋が短縮すると関節の一方の骨が動く。

(2) 骨　格　筋

姿勢を保ったり変えたりするには，骨格をそれぞれ一定の形に保ったり動かしたりする必要がある。

骨格に付いている筋が力を発揮するには筋の収縮*が必要である。筋は伸長して力を発揮することができないからである。骨格には2つの筋がついていて，一方が主役（主働筋），他方が脇役（拮抗筋）を演じる。関節をつなぐ主働筋が短縮すると，一方の骨が動く。

収縮には，等尺性収縮と等張力性収縮の2種類がある（図2.5）。等尺性収縮の例は，病院用ベッドの足側の柵を片手で持ち上げようとする場合である。この場合ベッドは重すぎて持ち上がらない，つまり前腕は肘関節を支点にして曲がらない。したがって上腕の主働筋は収縮するが短縮しない（長さが同じ＝等尺）。このとき拮抗筋も同時に収縮する。したがって「力こぶ」はできない。等張性収縮の例は，点滴スタンドを片手で持ち上げようとする場合である。この場合には容易に持ち上がるので前腕は肘関節を支点にして曲がる。この場合，上腕の主働筋は収縮し短縮するので「力こぶ」ができる。前腕の曲がり具合（曲げ角度）が一定なら，筋の張力は一定（＝等張）である。なお拮抗筋は弛緩する。

*　ここで，筋の収縮＝筋の短縮ではないことに注意が必要である。

主働筋と拮抗筋は固定的なものでない（図2.6）。手で物体を上向きに上げるとき（図2.6b）には上腕二頭筋が主働筋として働いているが，手で物体を下向きに押すとき（図2.6a）には，上腕三頭筋が主働筋となり上腕二頭筋は拮抗筋となる。

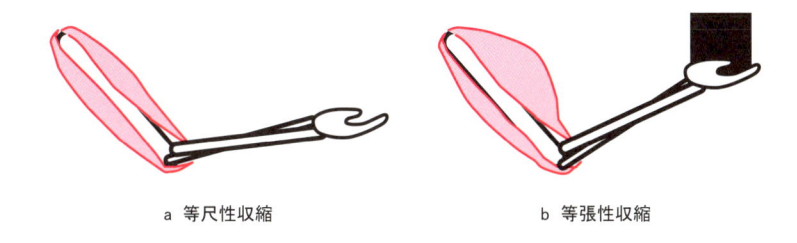

　　　a 等尺性収縮　　　　　　　b 等張性収縮

図2.5　等尺性収縮と等張性収縮

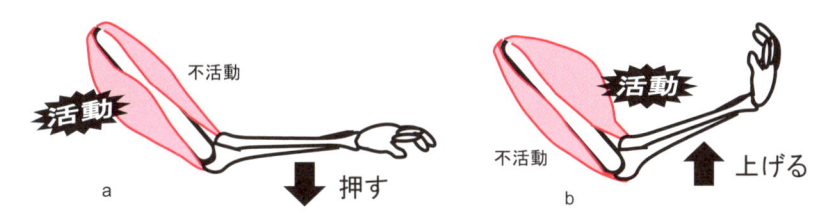

図2.6　手で物体を，下向きに押したり上向きに上げたりする動作

2.2.2 身体各部の運動と「てこ」の関係

関節，骨格筋，骨格の組合せと，てこの三要素との間には共通点がある。すなわち関節は支点，骨格筋と骨格の付着部分は力点，骨格の注目している部分は作用点に相当する。また，モーメントアームは関節と付着部分の距離，および付着部分と骨格の作用点との距離に相当する。

「てこ」には3つの種類があり（第1章を参照），身体の中にもそれぞれの例を見いだすことができる（表2.1，図2.7）。

▶看護や介護の動作，医療器具を使用するときの動作にも，てこの原理を生かせる。各動作の力学的意味を理解することにより身体の負担を減らし，相手の安全と安楽を図ることができる。

表2.1　身体の中の「てこ」の例

てこの種類	特　徴	例
第1種（支点の左右に力点と作用点がある）	力点のモーメントアームを作用点のそれよりも長くすれば，少ない筋収縮で，大きな作用を生み出せる。	頭部の前屈・後屈
第2種のてこ（作用点の左右に力点と支点がある）	力点のモーメントアームを作用点のそれよりも長くすれば，少ない筋収縮で，大きな作用を生み出せる。	爪先立ち
第3種のてこ（力点の左右に作用点と支点がある）	少ない筋収縮で，大きな運動範囲と運動速度をもたらす。	肘関節の屈曲・伸展

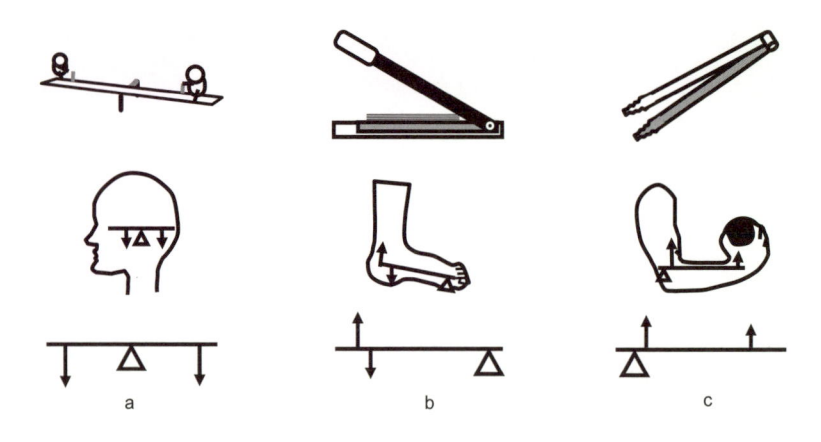

図2.7　てこの原理と人体

2.2.3　頭部の前後屈

図2.8から，後頭部の僧帽筋が短縮すると頭は後方に倒れ（図2.8b），僧帽筋を弛緩させると前方に傾く（図2.8c）ことがわかる。この場合，支点の両側に力点（僧帽筋の付着部分）と作用点（頭部の重心位置）が並んでいるので，第1種のてこに相当する。

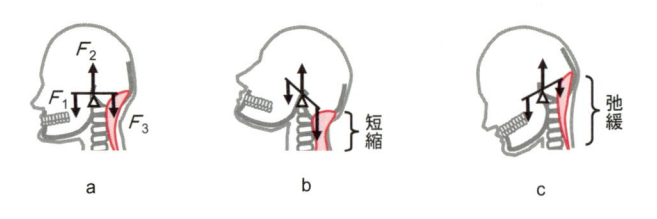

図2.8　頭部の前後屈

2.2.4　直角に曲げた手で押す動作

図2.9bは，上腕三頭筋を短縮させると手が外力に対抗できることを示す。この場合，力点（上腕三頭筋の付着部分），支点（肘関節），作用点（手にはたらく外力）は一直線上に並んでいないが，力点，支点，作用点の配置は第1種のてこと同じである。

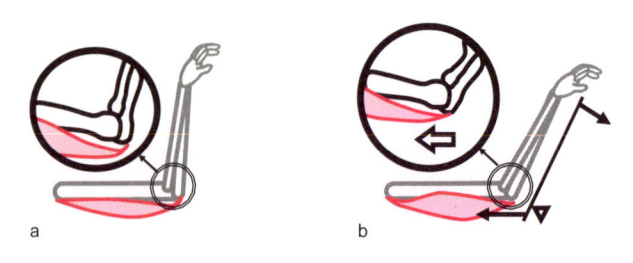

図2.9　手で押す動作

Q2.1 図 2.8 a における,左側の下向きの力は頭部の重量 F_1 を表す。右側の下向きの力 F_3,真中の上向きの力 F_2 は何 kg 重か。ただし,各モーメントアームの長さは 6 cm,頭部の重量 F_1 は 5 kg 重とする。

2.2.5 つま先立ち

図 2.10 は,腓腹筋を縮めることによって踵を上げる仕組みを示す。つま先が支点となり,支点－作用点－力点の順に並んでいるので第 2 種のてこに相当する。

この場合,足の構造上,作用点と力点の距離は小さいため,腓腹筋の張力は支点に作用する体重の約 2 倍となり負担は大きい。より高いところに手を伸ばそうとすると,腓腹筋の張力はいっそう増すことになるので無理は禁物である。

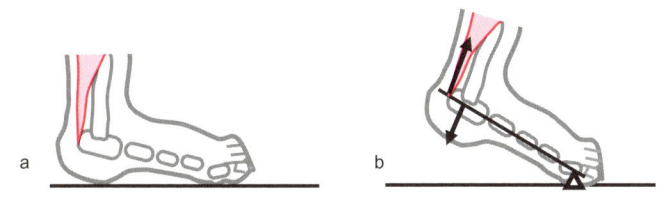

図 2.10 つま先立ち

2.2.6 肘を直角に曲げ手で物体を持つ

図 2.11 では,上腕二頭筋を縮め手が物体を支えている。力点(上腕二頭筋の付着部分)の左右に支点(肘関節)と作用点(物体)があるので第 3 種のてこである。

第 3 種のてこでは,支点と力点とのモーメントアームが支点と作用点のそれに比べて非常に短い。その結果,筋肉の張力は作用点の重量よりもはるかに大きくなるので力学的な有利性はないが,筋肉短縮の距離と速さを作用点において大きく拡大できる利点がある。人体に見られるてこには第 3 種のものが最も多い。

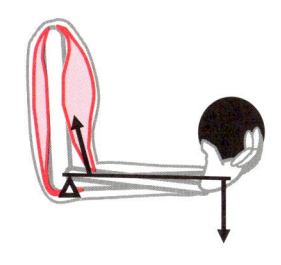

図 2.11 肘を直角に曲げ手で物体を持つときの力学

Q2.2　図 2.11 の状態で，手にダンベル（質量 5 kg）を握る。手の中心から肘関節（支点）までの長さは 24 cm，肘関節から上腕二頭筋の付着部分までの長さは 3 cm であるとする。上腕二頭筋にかかる力 F はいくらか。ただし，F とモーメントアームとの角度は，計算をやさしくするため 90°とし，また手および腕の質量を無視する。

2.2.7　中腰の姿勢で物体をもつ

脊柱起立筋を縮めて，前かがみになった上半身を支える姿勢（図 2.12）は，脊柱起立筋に大きな負担をかける。例えば脊柱が水平方向に対して 30°傾いているときには，手に何も持たなくても第 5 腰椎には体重の数倍の力 F がかかるといわれている*。手に物体を持てば第 5 腰椎にはさらに大きな力がかかる。

* 佐藤和良，『看護学生のための物理学（第 4 版）』，医学書院（2008）

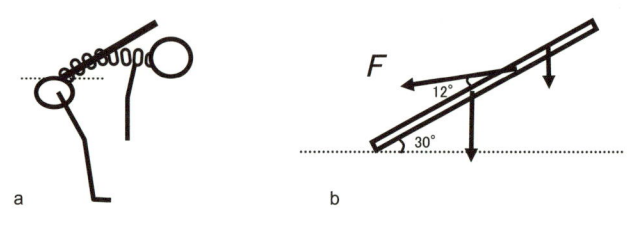

a　　　　　　　　b

図 2.12　第 5 腰椎および脊柱起立筋にかかる大きな負担

▶中腰の姿勢を長く続けたり，その状態で重い物体を持ったりすると椎間板ヘルニアを発症しやすくなる。

第 5 腰椎にかかる負担を減らす極端な姿勢を図 2.13 に示す。この運搬姿勢だと，背中への負担が最も少ない。物体の重心と身体の重心とが同一鉛直線上にあるのでモーメントアームの長さがゼロだからである。

図 2.13　背筋への負担が少ない物の運び方

2.3 日常の動作：物体を支える，動かす
2.3.1 物体を手または腕で支える

物体を手または腕で支える3つの方法（図2.14 a～c）を考える。

図2.14 物体を手または腕で支える方法

軽い物体（例：お土産など）を受け取るときにはaの方法をとるが，物体が重い場合にはすぐbの方法に切り替えるであろう。aの方法はフォークリフトなどにとっては普通のことだが，人が重い物体を持つときには不適当である。その場合には普通bの方法をとる。cの方法は女性，特に中高年の女性に多く見られる。

これらの方法を筋の負担が小さい順に並べなさいと言われたら，誰でもc＞b＞aと答えるであろう。

次に図2.15を参考にして，その理由を考えてみよう。

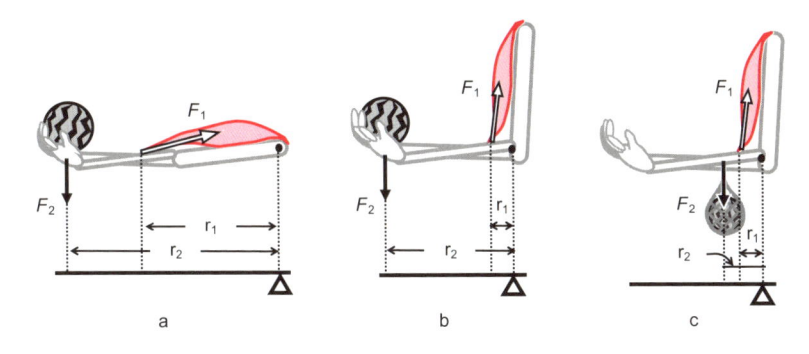

図2.15 前腕の荷重点の位置と筋張力の関係

(1) 肘を伸ばして片手で支える（図2.15a）

肩関節から上腕二頭筋の付着部分までの距離をr_1，上腕二頭筋の力がF_1のときのモーメントアームに垂直な力を$F_1 \sin\theta$*，肩関節から手までの距離をr_2，物体が手に及ぼす下向きの力をF_2とすると回転運動の釣り合い条件は時計回り方向のトルク＝反時計回り方向のトルクなので，

$$F_1 \sin\theta \cdot r_1 = F_2 \cdot r_2 \quad \therefore F_1 = [F_2 \cdot (r_2/r_1)]/\sin\theta$$

* トルク＝（モーメントアームの長さ）×（モーメントアームに垂直な力）である。この場合，上腕二頭筋の力F_1はモーメントアームに対して斜め上方向（角度θ）から作用するので，その垂直な力成分は$F_1 \sin\theta$となる。ここでθは筋の張力の方向（白抜き矢印）と骨との角度である。

* 筋の張力の方向(白抜き矢印)と骨との角度をここでは計算の便宜上 90° と考える。

(2) 肘をほぼ直角に曲げて片手で支える（図 2.15b）

肘関節から上腕二頭筋の付着部分までの距離を r_1，上腕二頭筋の力を $F_1{}^*$，肘関節から手までの距離を r_2，物体が手に及ぼす下向きの力を F_2 とすると回転運動の釣り合い条件より，

$$F_1 \cdot r_1 = F_2 \cdot r_2 \qquad \therefore F_1 = F_2 \cdot (r_2/r_1)$$

(3) 肘をほぼ直角に曲げて肘関節付近で物体を入れたネットの持ち手をつり下げる（図 2.15c）

肘関節から上腕二頭筋の付着部分までの距離を r_1，上腕二頭筋の力を F_1，物体を入れたネットの持ち手から肘関節までの距離を r_2，ネットの持ち手が骨に及ぼす下向きの力を F_2 とすると回転運動の釣り合い条件より，

$$F_1 \cdot r_1 = F_2 \cdot r_2 \qquad \therefore F_1 = F_2 \cdot (r_2/r_1)$$

(4) 考 察

1) b と c を比べてみる。r_2/r_1 の値は c の方が小さい。したがって F_1 の値は c の方が小さい。

2) a と b を比べてみる。r_2/r_1 の値は a の方が小さいので F_1 の計算式の分子の値は a の方が小さい。問題は F_1 の計算式の分母の値である。A において θ が 15° だと sin 15° = 0.26 なので a の F_1 はその分子の値を約 4 倍したものになる。その結果，a と b の F_1 の差は縮まる。a と b の F_1 をきちんと比べるためには，それぞれの r_2/r_1 の値以外に，筋が支えている前腕の重量（b の場合），および前腕と上腕の重量（a の場合）を計算に反映させる必要がある。実際に，手に物体を乗せないで a と b の動作を試してみると筋の負担感は明らかに a > b となる。前腕と上腕の重量の影響は大きい。手に適当な物体を乗せたときにも筋の負担感は a > b となる。

したがって，筋の負担は，a > b > c の順に小さくなると考えてよい。

2.3.2 物体を持つ，持ち上げる，運ぶ

物体（剛体）を持つ，あるいは持ち上げる例を図 2.16 に示す。a, b, c は悪い例，d, e, f は a, b, c の改良例を示す。

身体への負担を減らして楽に物体を持つ，あるいは持ち上げる動作のポイントは次のとおりである。

(1) 物体を持つとき

a の動作を行うと腕などの負担が大きい。そこで物体をできるだけ自分の身体に密着させる（d）。こうするとモーメントアームが短くなり腕の負担が減る。また物体の重心を自分の身体の重心の上に乗せるようにする（d）。こうするとトルクが小さくなり，回転運動を阻止するのに使

う力を減らすことができる。

(2) テーブルあるいはベッドの上の人または物体を運ぶとき

bの動作を行うと腕・腰などの負担が大きい。そこでeの動作を行なう。まず膝を曲げて物体の高さに自分の上体を近づける。このとき片足をテーブルあるいはベッドの下にできるだけ深く入れて人または物体と自分との距離が短くする。次に人または物体の重心を自分の身体の重心の上に乗せる気持ちで引き寄せて自分の身体に密着させる。続いてできるだけ上体を立てた状態で膝を伸ばし人または物体と一体になって立ち上がる。

(3) 床にある物体を持ち上げるとき

cの動作を行うと第5腰椎にかかる負担が大きくなる。そこでfの一連の動作を行なう。まず膝を曲げて物体の高さに自分の上体を近づける。次に物体の重心を自分の重心の上に乗せる気持ちで引き寄せて身体に密着させる。その後できるだけ上体を立てた状態で膝を伸ばし物体と一体になって立ち上がる。

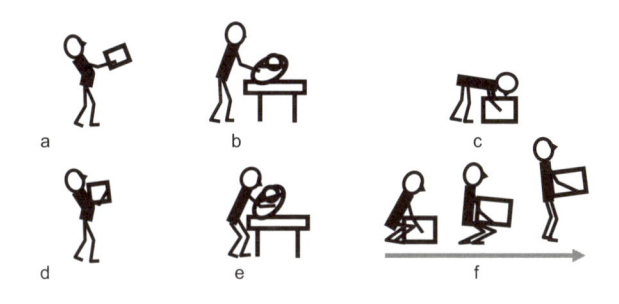

図 2.16 物体を持ち上げて運ぶ

(4) 各動作の力学的意味

1) 物体にできるだけ近づく。 ⇒ モーメントアームを短くする。

2) 上体をできるだけ立てたままで，膝を曲げと自分の重心と物体の重心の高さをできるだけあわせるようにする[*1]。 ⇒ 上体を立てるほど背筋の短縮力が物体を持ち上げる力に，より有効に変わる（図2.12を参照）。

3) 曲げていた膝を伸ばし[*2]ながら，物体と共に立ち上がる。 ⇒ 腕よりも大きな力を発揮できる下肢をパンタグラフ型ジャッキのように使う。

2.3.3 人を抱き上げる

ここでは人を非剛体と考え次の2つの場面におけるボディメカニクスのポイントを探ってみよう。

*1 このようにすることで椎間板ヘルニアなどを防止できる（1.2.2を参照）。

*2 フォークリフトのように，両腕をまっすぐに前方に伸ばして物を持ち上げて運ぶ動作やこれに近い動作は，力学的に不合理である。

(1) 仰臥位の子供を抱き上げる

　床で仰臥位をとっている子供を中腰になって抱き上げると身体に大きな負担を感じる（図2.17 a）。これに対して膝をついて子供との高低差を小さくし（図2.17 b），子供の身体の下に両手を入れて手前に引くようにしながら膝の上に抱き上げ（図2.17 c），さらに相手の重心が自分の重心の上になるよう抱いてから上体を立てた状態で膝を伸ばして立ち上がる（図2.17 d）と楽である。

　この動作の力学的ポイントは次のとおりである。

- 中腰になって抱き上げる（図2.17 a）　⇒　相手との高低差があるので持ち上げる動作の割合が増えて腰や背中に負担がかかる。また相手との距離がひらくのでモーメントアームが長くなり筋にかかる負担が大きい。
- 膝をついて子供との高低差を小さくする（図2.17 b）　⇒　膝をつくことで姿勢が安定する。高低差が小さいので持ち上げる動作の割合が小さくなって腰や背中への負担が小さい。
- 相手を手前に引くようにする（図2.17 c）　⇒　持ち上げる動作は重力に抗うので大きな力が必要になるが，水平移動に近い動作は大きな力を必要としない。
- 膝の上に抱き上げる（図2.17 c）　⇒　高低差が小さいので楽に上げることができる。相手との密着度が増すのでモーメントアームが短くなり筋にかかる負担が小さい。
- 相手の重心が自分の重心の上になるよう抱いて（図2.17 c）　⇒　相手の重心が自分の重心の上に乗せると上方向に支えるだけでよい。
- 上体を立てた状態で（図2.17 d）　⇒　腰や背中への負担がほとんどない。
- 膝を伸ばして立ち上がる（図2.17 d）　⇒　筋力が強い腰や下肢で相手を真上方向に持ち上げる。

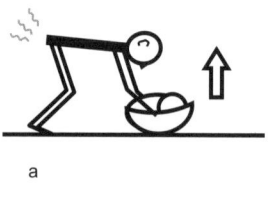

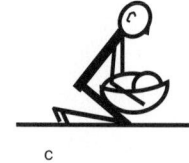

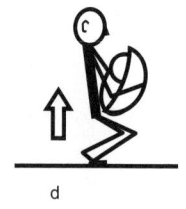

図2.17　子供を抱き上げる

（2）子供を抱きかかえる

自分から抱きついている子供の身体は小さくまとまり，親の身体に密着し，その状態を維持しようと身体に力を入れている（図 2.18a）。この状態は剛体に近い。抱いている人は容易に子供の重心位置を見つけ力学的に最適な抱き方をすることができる。すなわちモーメントアームを最短にし，子供の重心を自分の重心の上に乗せている。

しかし，抱いていた子供が深く寝入ってしまうと急に重く感じる（図 2.18b）。眠っていると脱力状態になり（頭は背中側に倒れ，両腕や両脚もだらりと下がっている），身体は剛体ではなく弾性体に近いものとなる。子供の体重が仮に 20 kg 重だとすると 20 ℓ の水が入った袋*を抱えるようなものである。変形するのでその重心が定まらず支えることが困難である。

* 水を入れた袋を凍らせると剛体に変わるので，水を入れた袋（弾性体）よりもはるかに抱えやすくなる。

▶介護の場面では，力学的に合理的な介護手順を"声かけ"しながら行なえば，相手は動作を共にするために身体の必要な部位に力を入れ（剛体化し），重心を近づけてくれるはずである。

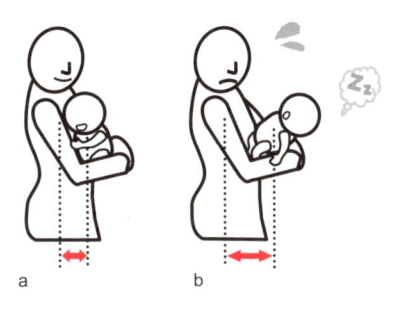

図 2.18 子供を抱きかかえる

2.4 運動と健康

2.4.1 運動の身体的効果

運動の身体的効果を図 2.19 に示す。このような効果が起こる物理的な理由を理解してから運動すると自分に合った運動の仕方を工夫できるようになる。

図 2.19 運動による体内の変化

2.4.2 スポーツと重心
(1) トレーニング，体操

図2.20 a に示す人はその重心線が支持面を外れているので壁がなければ倒れるが，壁の反作用を受けているので安定である。鞍馬に乗っている人（図2.20 b）は，その重心線が支持面（両手）からずれると回転運動が起こりやすいので不安定であるが高い技術で安定を保っている。

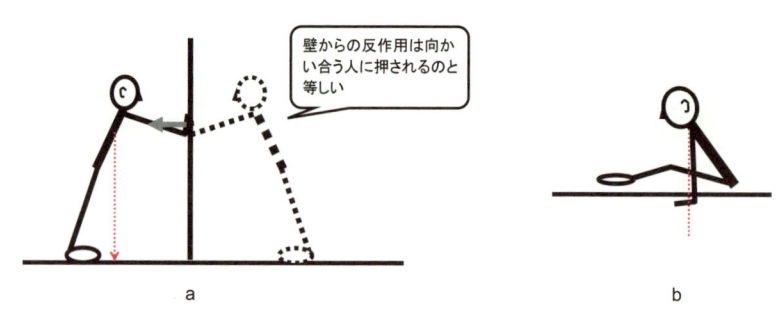

図2.20　トレーニング・体操の姿勢と重心・安定性

(2) 水　　泳

図2.21は水中におけるさまざまな姿勢を示す。安定な姿勢はどれであろうか。図2.21aでは重心（黒丸で表示）と浮心（白抜き矢印の根元にある）の位置が離れているので，反時計回転方向に回転運動が起こって下半身がさらに沈むと予想される。

　bとcの姿勢では重心と浮心が同一鉛直線上に並んでいるので回転運動が起こらず安定である。aとdの姿勢は似ているが安定性は異なる。dが安定な理由は上肢を頭の方向に伸ばし下肢を少し折り曲げているため，重心の位置が浮心の方に移動し一致している点にある。

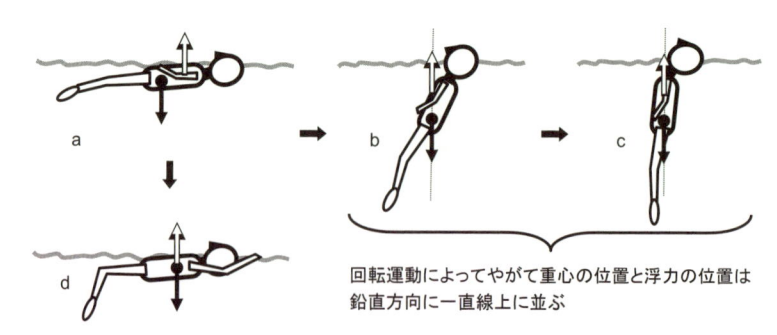

図2.21　重心と浮心の位置関係

(3) 間違った運動法

図2.22は腹筋運動の方法を示す。腹筋を鍛える目的に適う姿勢はどれであろうか。身体の，負荷をかけるべき場所と負荷をかける必要がない場所をきちんと見極めることが大切である。a の方法は膝関節などに

好ましくない負荷をかけることになる。

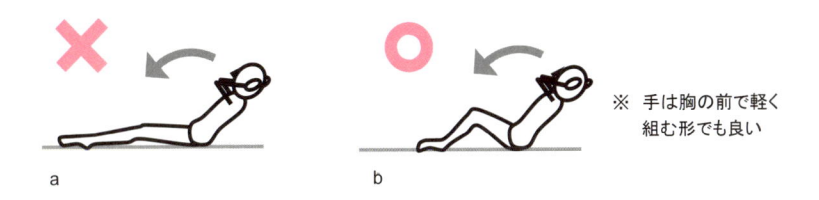

a　　　　　　　　　b　　　　　※ 手は胸の前で軽く
　　　　　　　　　　　　　　　　組む形でも良い

図 2.22　腹筋運動の方法

2.5　看護・介護

　看護，介護，各種器具使用時の動作には，てこの原理を応用できるものも少なくない。上手に応用すると筋の負担を減らせるだけでなく，患者の安全と安楽を図ることができる。

2.5.1　ボディメカニクス

　看護・介護などを行うときには，姿勢や動作を，相手及び自分にとって身体的負担が少なく，安全かつ安心なものにする。それには，人体の構造および力学の知識が役立つ。本節で示す事例は限られているので，そこから学びとったことを応用して他の場面でも適切に対応できるようにしよう。

　姿勢や動作のマニュアルには，いろいろな技術，知恵がつまっている。しかしそれらを模範演技されても，なかなか本質を理解できないのが実情であろう。

　まず健康な自分の起床から就寝までのさまざまな姿勢・動作を観察してみよう。自分一人の動作・運動では，身体の力学的構造を意識しないし，ベッド，床，壁，椅子などの周囲の物体との関係もほとんど意識しない。それでも目的とする動作・運動を自然に問題なくできる。

　次に病気や怪我でハンディキャップを負った自分を想定し，実演してみよう。いざやってみると，なかなか思った通りに動作・運動を行なえないことに気づくであろう。その理由を真剣に考えると，姿勢や動作の力学の仕組みに関心を持つようになる。さらに身体的に不自由になった自分に対してどのように手伝いがあれば，望む動作・運動を行なえるのかを考えてみよう。これらの体験は看護・介護のポイントを深く理解する手がかりを与えてくれるはずである。

2.5.2　体位変換

(1) 体位変換の意義・効果

　目覚めているとき，同じ体位を持続できる時間は仰臥位で約 45 分，

▶ボディメカニクスには解剖学，生理学なども係わっている。

側臥位で約 35 ～ 40 分といわれる。睡眠中でも寝返りを 20 ～ 30 回打つといわれている。つまり，人はじっとしていない，じっとしていられないのである。

したがって自分で体位を変えられない人に対しては，体位変換を支援する必要がある。体位変換の具体的な効果は次のとおりであるとされている。

- 身体への圧迫障害を避けられる。
- 筋の萎縮・機能低下を予防できる。
- 静脈血栓症，褥瘡[*1]，四肢の浮腫を予防できる。すでにその症状がある場合には軽減を期待できる。
- 気道分泌物を排出しやすい体位をとれる。

(2) 体位変換の方法

体位変換は仰臥位と左側臥位あるいは右側臥位の体位を組み合わせて行うことが多い。次節に 1 つの例を示す。

2.5.3 仰臥位から側臥位への体位変換

図 2.23 は仰臥位から側臥位への体位変換の要領を示す。その手順と力学的意味は次のとおりである。

(1) できるだけコンパクトになるよう相手の両腕を胸の上で軽く組んでもらう，b。⇒ コンパクトになれば重心の分散を防ぐことができる。身体の重心のほかに右腕・左腕の重心が離れて存在すると介護者が力を入れるポイントをしぼりにくい。

(2) 仰臥位で片膝[*2]を立てた体位（背殿位）をもらい，膝頭を手前に軽く引く，b。⇒ 下肢につながる腰が回転するので，腰につながる背中，肩，頭が順に手前に回転してくる。これは，腰部-膝頭-足部がつくる三角形の頂点（膝頭）を手前に引くことを意味し，三角形が手前に回転することを促す効果がある。

(3) 仰臥位で片膝を立てるときには膝をできるだけ高く立ててもらう，

[*1] 体圧分散型のマットレス（4章を参照）を使用することも有効である。

[*2] 片膝を立てるかわりに，身体条件が許すなら両膝を立ててもらう方がさらに良い。

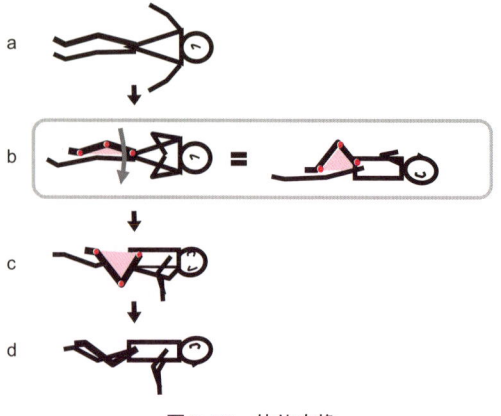

図 2.23 体位変換

b. ⇒ 頂点(膝頭)からベッドに下ろした垂線が"モーメントアーム"になる。膝頭が高いほどモーメントアームは長くなる。それが長いほど，身体を回転させるのに必要な力を小さくできる。これは第二種のてこの原理の応用である。

2.5.4 他の動作の介助

以下の（1）～（4）の各移動介助に共通するポイントは，
・支持面を広げて姿勢を安定させる。
・重心を相手の重心に合わせる。
・相手とできるだけ密着する。
・上体はできるだけ立てたままとする。
・膝を曲げて相手との高低差は調節する。
・立ち上がるときには膝の屈伸力を利用する。
などである。

（1）椅子からの立ち上がり

2.1.1（2）の図2.2で説明した自力で立ち上がるときの力学的ポイントを頭において，健側*に立ち，健側の足に体重を乗せる動作を支援するようにする。

* 病気のない正常な側。

（2）床から椅子への移乗

相手との重心の高低差を調整するときには腰を曲げるのではなく膝を曲げて腰を落とすようにする。立ち上がるときには上体はできるだけ立てたまま膝を伸ばすようにする。

（3）床からの立ち上がり

介護者は相手との重心の高低差を調整する。相手を後ろから支えるときに倒れないよう，足は前後に開いて支持面を広くし姿勢を安定させる。

（4）ベッドから車椅子への移乗

足を開き片足を相手の両足の間に入れて支持面を前後に広くとる。立ち上がらせるときには，腰を落として相手の背中付近で手を組んでしっかり抱え，両膝の屈伸力をうまく使って相手の重心の鉛直方向および水平方向への移動を支援する。立ち上がったら，相手と一体になりながらゆっくり車椅子の方へ回転し，車椅子に座らせるようにする。

▶移動動作の援助においては，必要に応じて他の協力を得たり，用具などを使用したりする。無理は禁物である。

2.5.5 治療・看護用の器具・用具

（1）歩行器（ウォーカー）

歩行器は両下肢に荷重をかけられるが，好ましい歩行は得られにくい。

（2）松葉杖

腰が曲がった人の重心線は，両足がつくる支持面の外側に出てしまうため姿勢が不安定になる。その場合，杖を使うと杖の接地点と両足が新たな支持面をつくり，その支持面は杖を使わないときよりも広くなるの

で姿勢が安定する。

　下半身に障害があるとき，杖を使うことの主な力学的利点は次の2点である。

・体重を杖に分散させて下肢への負担を減らす。
・体重を支える支持面が杖の接地点まで広がる。

2.5.6　姿勢と靴

(1) 姿勢と安定性

両足がつくる支持面内に重心線が入るような姿勢をとって安定させる。看護・介護の動作をするときは上体が前に傾いて重心線が支持面からはみ出すことが多いので，片足をベッドの下に入れ両足を前後に開き支持面をベッドの下まで広げるようにする。

(2) 靴

靴底は着地面積が大きく，その材質は床との摩擦係数が大きいものを選び，滑りにくいようにする。さらに靴のつま先は足指が扇条に広がりやすいものが足指を自由に動かして身体のバランスを保つのに有効である。

2.6　牽引療法

　牽引療法（図2.24）は，患部に対する牽引効果だけでなく，骨折の整復・固定，関節疾患における鎮痛，骨折治療中の良肢位の保持などを目的としている。

　牽引療法には，骨や頭蓋などを直接的に牽引する直達牽引（鋼線牽引，頭蓋牽引）と皮膚を介して間接的に牽引する介達牽引（絆創膏牽引，フォームラバー牽引）がある。ほかには頚椎牽引，骨盤牽引などもある。

　重錘（おもり）の重力を利用した持続牽引（重錘牽引）の場合，直達牽引で5～10 kgの重錘（おもり）を使用する。椎間板ヘルニア患者の骨盤牽引では5 kgぐらいから開始される。介達牽引では，重すぎると皮膚がずり応力を受けて損傷するので，2 kgまでが限界とされている。

　牽引療法の力学的要点は，牽引の方向，重錘の重さ，患者の肢位・体

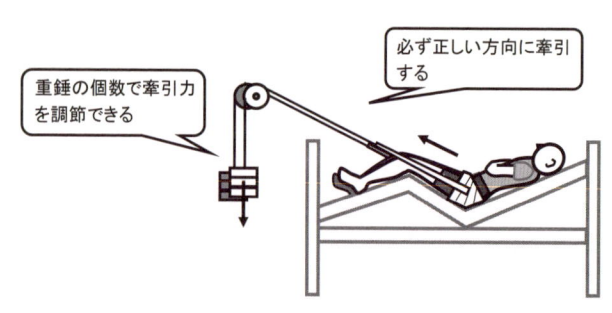

図2.24　椎間板ヘルニア患者の牽引療法

位などである。特に牽引の方向は重要であり，図 2.24 の場合には左斜め上方向に牽引しなければならない。牽引力として重錘に作用する重力を利用するには，鉛直線上で下向きに作用する重力の方向と牽引の方向が違うという問題を解決しなければならない。この問題を解決してくれるのが定滑車である。

図 2.25 のように定滑車を 2 個つかうと，自動介助屈伸運動を行うことができる。

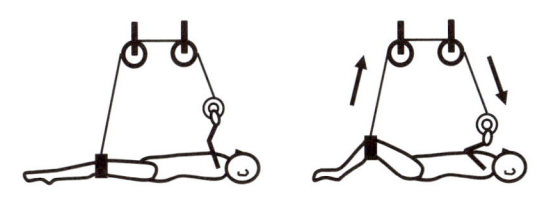

図 2.25　自動介助屈伸運動

Q2.3　牽引力によって身体が牽引される方向にずれるのを防ぐための対抗措置を対抗牽引という。対抗牽引の方法をあげよ。

2.7　マッサージ
2.7.1　理学療法とマッサージ

身体に障害のある人に対し，主としてその基本的動作能力の回復を図るために，治療体操その他の運動を行なわせたり，電気刺激，マッサージ，温熱その他の物理的手段を加えたりすることを理学療法（Physical Therapy）という。

ここでは力学との関係が深いマッサージについてふれることにし，温熱療法は 3 章，水療法は 4 章，光線療法は 5 章，電気療法は 6 章で取り扱う。

2.7.2　マッサージ療法

マッサージ療法には，徒手，ローラー，水圧，空圧の 4 種類の方法がある。水圧，空圧によるマッサージは 4 章で説明する。

マッサージ療法では，手や器具をつかって身体をもんだり，さすったり，たたいたりする。これは力学的な仕事を皮膚，皮下組織，筋組織，神経系，循環器系などに与えることを意味する。またマッサージには身体を温かくする効果がある。

マッサージ療法では，その力学的意味と生理学的作用・効果の関係をきちんと理解しておくことが大切である。

Q2.4　マッサージが身体を温かくする理由を力学的観点から説明せよ。

指圧療法
▶主に母指，てのひらを使って指圧点を押すなどして神経を刺激し，血行を改善して体調を整えたり病気を治療したりする手技療法である。

ローラー式マッサージ
▶ローラー式マッサージには体液循環効果（＝ポンピング効果）や，牽引効果があるとされている。

解　答

Q2.1 トルクのつり合い条件より，$F_1 \times (6\text{ cm}) = F_3 \times (6\text{ cm})$　並進運動のつり合い条件より，$F_2 = F_1 + F_3$　$F_1 = 5$ kg 重とおくと，$F_3 = 5$ kg 重，$F_2 = 10$ kg 重

Q2.2 この状況は第3種のてこである。関節を支点とするトルクのつり合い条件（合計がゼロ）より，$(F\text{ kg} \times g \times 3\text{ cm}) - (5\text{ kg} \times g \times 24\text{ cm}) = 0$　∴ $F = 40$ kg $\times g = 40$ kg $\times 9.8$ ms^{-2} $= 392$ kgms^{-2} $= 392$N

Q2.3 ギャッチベッドを操作して，ベッドの頭部を上げ，股関節・膝関節があたる部分を屈曲させて半座位（ファウラー位）をとらせる。さらに大腿骨の大転子の位置がずれないように，抑制帯として砂嚢などを用いて固定する。

Q2.4 エネルギー保存則（1章を参照）により，力学的仕事は最終的に熱に変換される。マッサージされた部位で発生した熱はそこにとどまらず，血液によって全身に運ばれるので身体が温かくなる。

3 熱, 体温, 罨法

この章では熱と温度に関する事項を扱う。体温の測定, 身体の温度分布の測定, 室内の温度・湿度の調節方法, 食事による摂取熱量と運動によるエネルギー消費量, エネルギーと仕事の関係, 身体への熱の出入りと温熱療法・寒冷療法, 氷枕の正しい作り方などを説明する。

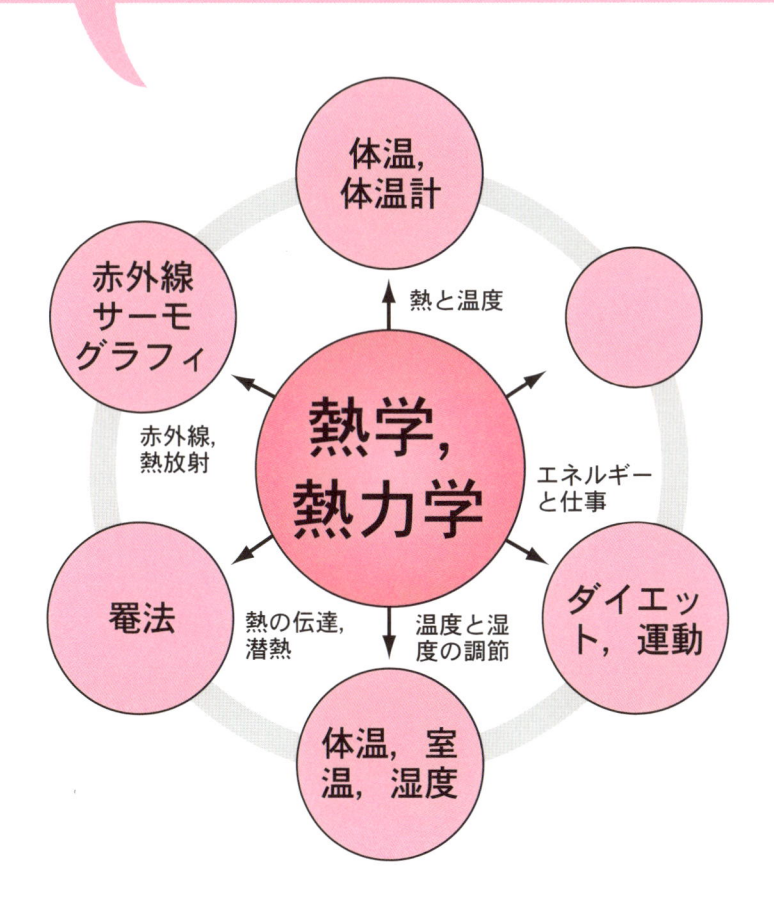

熱学, 熱力学

- 体温, 体温計 — 熱と温度
- 赤外線サーモグラフィ — 赤外線, 熱放射
- 罨法 — 熱の伝達, 潜熱
- 体温, 室温, 湿度 — 温度と湿度の調節
- ダイエット, 運動 — エネルギーと仕事

3.1　物体を構成する粒子の熱運動と温度

3.1.1　粒子の熱運動と温度

　気体は多数の粒子から成り立っていて，各粒子はいろいろな速度で空間を自由に飛び回っている（熱運動をしている）。粒子の運動エネルギー（1章を参照）は粒子によって異なるが，平均の運動エネルギーは気体の温度が高いほど大きい。すなわち，気体の温度は，粒子の平均運動エネルギーに比例している。また平均運動エネルギーは速度に関係するので，気体の温度は気体粒子の速度が大きいほど高い。

　液体や固体も多数の粒子から成り立っている。それらの温度は構成粒子の平均運動エネルギーに比例している。ただし粒子が運動できる空間は気体にくらべて著しく小さい。

3.1.2　物体の温度と体積変化

（1）熱膨張と収縮

　物体を構成する粒子の熱運動は，温度が高いと激しくなる。粒子の運動が激しくなると粒子と粒子の衝突回数が多くなる。形を変えやすい流体では，粒子と粒子の間隔が大きくなる。その結果，流体全体の体積が大きくなる。この傾向は，特に気体で大きい。一方，固体では粒子同士が強く結びついているので，温度による体積増加の割合は液体よりも小さい。

　物体の温度上昇による体積増加は熱膨張と呼ばれる。反対に温度が下がると粒子の運動が穏やかになり粒子間の衝突回数が減り，粒子と粒子の間隔が小さくなるので物体の体積は小さくなる（収縮という）。

（2）熱膨張率（熱膨張係数）

　温度上昇による物体の長さや体積が膨張する割合は物体の種類，状態によって異なる。物体の温度が1℃上がるときの長さおよび体積の膨張割合を熱膨張率（熱膨張係数）という。長さおよび体積の変化割合をそれぞれ線膨張率，体積膨張率という。

3.2　温度の測定

　物体の温度変化によって，物体の長さ，電気抵抗，色，発光スペクトルなどが変化することを利用して物体の温度測定を行うことができる。

3.2.1　液体の熱膨張を利用した温度測定

　アルコール温度計や水銀温度計のようなガラス温度計は，温度が上がると，液体が膨張することを利用して液柱の位置から温度を読みとる仕組みになっている。

　温度を測る円筒部分にはそれらの液体（感温液）の大部分が入っていて，それが膨張すると，円筒部からはみ出た液体はつながっている細い

管を上っていくので，液体の先端部が到達した位置（温度目盛り）から温度を読み取る。通常使われるガラス温度計は，感温液により水銀温度計と有機液体温度計（アルコール温度計，赤液温度計ともいわれる）に分けられる。

Q3.1 いわゆるアルコール温度計の感温液は何か。
Q3.2 婦人体温計と普通の水銀体温計との違いは何か。

3.2.2 液体の膨張を利用しないで温度を測定する方法

温度の測定方法は，大きく物体に温度計を接触させる方式と接触させない方式に分けられ，次のようなさまざまな温度計，温度センサーがある。

（1）接触式温度計

金属の電気抵抗は温度が高くなるとともに増加する。つまり正の温度係数（positive thermal coefficient，PTC）をもっている。また n-型半導体の電気抵抗は温度が高くなるとともに減少し，負の温度係数（negative thermal coefficient，NTC）をもっている。これらの性質を利用すると，物体の熱膨張を利用しない温度計をつくることができる。

温度計の感温部に n-型半導体（サーミスタという）を使用したものが電子温度計（電子体温計）である。温度を短時間で測れる利点がある。電子体温計は体温を測る電子温度計である。

（2）非接触式温度計

赤外線放射温度計：物体が放射する赤外線の波長は温度が高いほど短いということを利用する温度計。

ミミッピヒカリ（テルモ耳式体温計）：鼓膜から出る赤外線の波長から体温を推定する非接触式体温計。温度を瞬間的に測れる。

3.2.3 赤外線サーモグラフィ装置，赤外線センサー

物体が放射する赤外線の強度（エネルギー量）は温度が高いほど強くなることを利用して物体身体の表面の温度分布を画像にしたものが赤外線サーモグラフィである。人体の赤外線サーモグラフィでは，体表面の温度差を色の違いで知ることができる（図 3.1）。代表的なカラーパレットでは，紺色→緑→黄→橙→赤→白色の順に温度が高いことを示す。体の左右比較や，疾患部と周辺部との温度差，時系列による温度の回復状況から皮膚疾患，血管腫，末梢循環不全などの情報が得られる。

主な赤外線サーモグラフィ装置に使用される検出器「非冷却二次元センサー（マイクロボロメータ型）」は，素子が赤外線を受光すると高感度に発熱する仕組みになっており，この画素ごとの発熱量の差が熱画像として表示される。

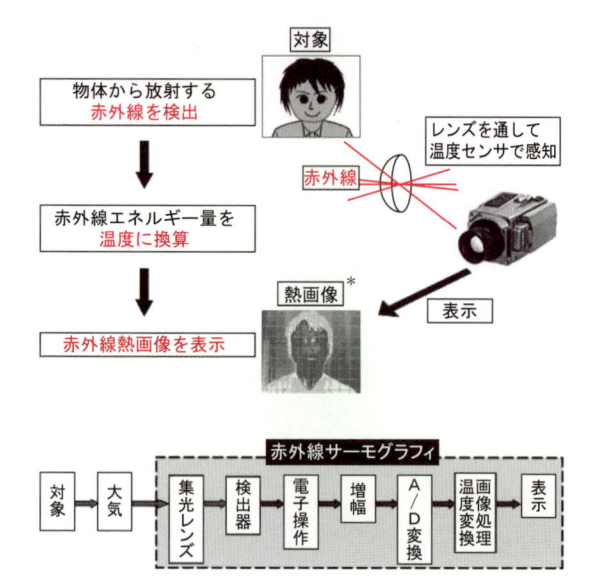

* カラーの熱画像は文献を参照。

図 3.1 赤外線サーモグラフィの原理
NEC Avio 赤外線テクノロジー株式会社

またサーモグラフィに使用される二次元センサーとは異なるが，単素子センサーを使用した赤外線センサーがドアの開閉に使われている。これは，人の体表面温度が 37℃のとき，波長が約 $10\,\mu\mathrm{m}$ でエネルギーがピークを示す赤外線が人体より放射されることを応用したものである。この赤外線を検知する赤外線センサーを入口ドア上部に設置すると人の出入りに合わせてドアを自動的に開閉することができる。

3.3　内部エネルギーと熱

3.3.1　熱と仕事

(1) 熱と熱流

氷にさわると冷たいと感じる。これは手（高温の物体）から氷（低音の物体）へ熱の流れ（熱流という）が発生するからである。

(2) 仕事と熱の等価性

手が冷たいと感じたとき，① 温かい物体に手を触れるかヒーターに手をかざす　② それらがないときは手をこすり合わせる。① は手に直接，熱を与えている。② は手に摩擦という仕事をしている。これらの事実は，手の温度を上げるという結果を，熱だけでなく仕事でもつくりだすことができることを示している。つまり仕事 W と熱 Q はエネルギー的に等価なのである。

3.3.2　内部エネルギーとは

両手をこする（手に仕事をする）　⇒　手を構成する分子に仕事をし，分子の運動を活発にさせる。すなわち分子の運動エネルギーを増加させる。

手に熱を与える　⇒　手を構成する分子に熱を与え，分子の運動を活発にさせる。すなわち分子の運動エネルギーを増加させる。

手を構成する分子の運動エネルギーは，手という物体の内部に蓄えられたエネルギーなので，内部エネルギー ΔU という。両手をこする（手に仕事をする）と，手の温度が上がる。これは内部エネルギーが増えた結果なのである。

3.3.3 熱力学の第一法則

物体に仕事 W をし，熱 Q を与えると物体の内部エネルギー ΔU が増加する。この関係を熱力学の第一法則という。式で表すと

$$\Delta U = W + Q$$

物体に仕事をしない（$W = 0$）で，熱だけを与えると，上式において $\Delta U = Q$ となる。つまり，物体に熱を与えるとその内部エネルギーが増加する。その結果，物体の温度は上がる。

物体に仕事だけをし，熱を与えない（$Q = 0$）ときは，上式において $\Delta U = W$ となる。つまり，物体に仕事をするとその内部エネルギーが増加する。そして物体の温度は上がる。このことは，両手をこする（手に仕事をする）と，手の内部エネルギーが増え，手の温度が上がることからも明らかである。

Q3.3　注射筒のプランジャーを引いて空気を 1/3 ほど入れる。①注射筒の先端部（注射針を取り付ける部分）をふさいで，中の空気に熱を与えると，プランジャーが持ち上げられる。②注射筒の先端部をふさいで，プランジャーを一気に強く押し込むと中の空気の温度が上がる。これらの現象を熱力学の第一法則で説明せよ。

Q3.4　マッサージでは身体の表面に軽い力学的仕事（例えば，さする，おす，たたく）をすることになる。その結果，身体にどのような変化が起こると考えられるか。

▶マッサージは身体に力学的な作用を与え，皮膚，皮下組織，筋組織，神経系，循環器系，免疫系に対してさまざまな効果を与えることを目的としている。

▶力学的仕事が大きすぎると皮膚にずり応力（1章を参照）を生じて皮膚や皮下組織にダメージをあたえる。

3.4　潜　熱

物体を熱すると一般に温度が増加する。しかし，例えば，氷（固体）が水（液体）になったり，水が水蒸気（気体）になったりしているときには温度が増加しない。物体に与えられた熱がそれぞれ融解（潜）熱，気化（潜）熱として使われ，温度の増加に寄与しないからである。そこでこれらを潜熱と呼び，水の温度を上げるのに寄与する熱を顕熱と呼んで，両者を区別する。

蒸　発　　蒸発とは，液体が沸騰する温度以下で，液体の分子が液相から気相に飛び出していくことである。このとき周囲から気化熱を奪う。

水の気化熱は，25℃で583 cal/g，100℃で540 cal/g である。これらの値がいかに大きいかは，水 1g の温度を25℃から100℃に上げるときの熱量が 75 cal であることを考えると，よくわかる。

アルコール清拭のときに涼しさを感じるのは，液体のアルコールが気化するときに皮膚から気化熱を奪うからである。例えば，エタノールの78℃における気化熱は 200 cal/g である。エタノールが水より気化しやすいのは，エタノールの気化熱が水よりも小さいためである。

融解熱　氷（固体）が水（液体）になるとき，まわりから融解熱を奪うので冷却剤として使える。

氷の融解熱は，0℃で 80 cal/g である。水に氷を混ぜておくと，氷がとけて水になるまで0℃のままである。これが，冷罨法において氷枕（ひょうちん）を使う理由である。

昇華熱　ドライアイス（−79℃）は固体の二酸化炭素が，液体状態を経ないで直接，気体の二酸化炭素に変化する。このときには昇華熱をまわりから奪うので，冷却剤として使われる。

冷却剤としての氷は使用後に液体の水を残すのでシーツなどを濡らすが，冷却剤としてのドライアイスは使用後に気体の二酸化炭素になるので，シーツなどを濡らすことはない。

3.5　熱の伝達

熱の伝わり方には熱伝導，対流，放射（輻射）の3通りがある。

3.5.1　比熱

同じ熱量を与えられても暖まりやすさは物体の種類によって違う。人体の比熱は平均で 0.83 kcal/kg·K である（表 3.1）。水の比熱（1 kcal/kg·K）よりも小さい。これは人体が脂肪を含むからである。

表 3.1　種々の物質の比熱

物　質	kcal/kg·K	J/kg·K
アルミニウム	0.22	920
銅	0.092	385
ガラス	0.16	670
人体（平均）	0.83	3470
氷	0.5	2100
鉄	0.105	440
銀	0.056	230
土（平均）	0.25	1,050
水蒸気（体積一定）	0.5	2,100
水	1	4,186
木材	0.4	1,700

シップマン（勝守寛，吉福康郎訳），『自然化学入門　新物理学』，学術図書出版社（2000）

Q3.5 手を，25℃の空気中から，同じ25℃の水の中に移したとき，冷たく感じる。それはなぜか。

3.5.2 熱伝導

高温の物体を低温の物体に接触させると，高温の物体が低温の物体に熱がじかに伝わる。これが熱伝導である。

熱伝導により，時間 t の間に物体を伝わる熱量 Q は，2つの物体間の絶対温度の差 T_2-T_1，時間 t，及び熱が伝わる面の表面積 A に比例し，熱の伝わる距離 L に反比例する。比例定数 κ は熱伝導率と呼ばれ，物体の材料の種類によって異なる（表3.2）。

$$Q = kAt[(T_2-T_1)/L]$$

表3.2 種々の物体の熱伝導率

物　質	熱伝導率（W/m・K）
発泡スチロール	0.033
ガラスウール	0.039
体内脂肪	0.15
水	0.604
ガラス	1.5
コンクリート	1.73
水（0℃）	2.2
真鍮	108
アルミニウム	204
銀	418

表3.2から体内脂肪の熱伝導率は水（血液）の約1/4と小さいことがわかる。

Q3.6 熱湯が衣服にかかったときには，すぐに衣服を脱ぐ。それはなぜか。
Q3.7 熱湯が衣服にかかったときには，患部を急いで冷やす。それはなぜか。
Q3.8 タイルの床に立つと布製マットの上に立つときよりも冷たく感じる。それはなぜか。
Q3.9 熱いスープやみそ汁をスプーンで相手の口元に運ぶとき，やけどを防ぐにはどうすればよいか。
Q3.10 水枕はすぐに冷却効果がなくなる。しかし，氷を水とともに使うと冷却効果が持続する。それはなぜか。また氷枕の中に空気を残さないようする意味は何か。
Q3.11 皮下脂肪の多い人が寒さに強いのはなぜか。
Q3.12 患者の足浴において，足を洗った後，ピッチャー内の湯でかけ湯をする。このときの温度はベースンの湯より少し熱めにするのはなぜか。

▶熱伝導率 W/m・K：銀 425；鉄 80；木材 0.2

▶足浴の後は，タオルで水分が残らないように拭きとる。残っていると足から気化熱が奪われることになる。

3.5.3 対流による熱伝達

流体（気体や液体）は固体と違って，容易に混合できる。流体（気体や液体）は，熱源から熱をもらうとそれらの温度が上がり周囲よりも密度が小さくなるので上昇する。上昇した気体や液体はまわりに熱を与えるのでやがて温度が下がり密度が大きくなるので下降する。このようにして気体や液体が循環しながら熱を伝えることができる。これを（自然）対流という。

対流によって時間 t の間に伝わる熱量 Q は，熱源と流体の絶対温度の差 $T_h - T_l$，時間 t，及び熱源の表面積 A に比例する。比例定数 α は熱伝達率（あるいは対流熱移動係数）と呼ばれ，熱源の材質・形状によって異なる。

$$Q = \alpha A t (T_h - T_l)$$

▶病室の天井には暖かい空気（密度が小さい空気）がたまり，床付近には冷たい空気（密度が大きい空気）がたまる。何もしなければこの状態が続くので室内の（ベッド付近の）温度管理には注意をはらう必要である。上下の温度差を少なくするためには，サーキュレーターや扇風機をつかって強制的に対流をおこす必要がある。

Q3.13　サーキュレータが天井に設置されるのはなぜか。

Q3.14　対流にはアルキメデスの原理が働いているという。それはどういうことか。

Q3.15　冷蔵庫では，冷却コイルが最も高いところに置かれる。なぜか。

Q3.16　体表面積 1.5 m² の人が，温度 23℃の室内にいる。この人の平均体表面温度は 29℃であった。熱伝達率 α が 10 kcal/m²·K·h とすると，対流によって 1 時間あたりに失われる熱量はいくらか。

3.5.4 放射（輻射）

太陽の熱は，空気がない宇宙空間を通って地上に伝わる。空気がないと熱伝導も対流熱伝達も起こらない。太陽熱は，放射（あるいは輻射）によって地上に伝達される。

ヒーターで暖をとるとき，間に家具などの障害物があると暖かくない。しかしその障害物を取りのぞくと急に暖かくなる。これはヒーターの熱が放射によって伝わるためである。放射熱は赤外線などの電磁波の形で伝わる。

放射によって時間 t の間に伝わる熱量 Q は，熱源の絶対温度 T の 4 乗，時間 t，及び熱源の表面積 A に比例する（シュテファン-ボルツマンの法則）。

$$Q = \sigma A t e T^4$$

σ はシュテファン-ボルツマン係数，e は放出率（emissivity）で，熱源の材質などによって異なる。可視光も電磁波である。可視光が鏡で反射されるように，熱放射も鏡で反射される。

3.5.5 風冷実効温度

風は，一定時間に物体から奪う熱の量を増加させる。

着替えを急ぐあまり，先に衣服をぬぎ，離れたところにある衣服を取りに歩くときには，まわりの気温がそれまでよりも下がったかのように感じる。衣服を着ているときには同じように動いても気温が下がったとは感じない。なぜか。動いている空気（風と同じ効果をもつ）が素肌にふれるときには，体熱で暖まった空気層に替わってまだ暖まっていない空気が次々にやってきて体熱を奪うからである。

Q3.17　扇風機に当たり続けていると体熱がどんどん奪われるのはなぜか。

▶扇風機を使用しているとき，体温の変化に注意する必要がある。

3.5.6　断　熱
（1）空気層

裸でいても歩かないでいると，最初は少し寒いと感じるが，すぐにそれほど感じなくなる。それは，まわりの空気が暖まり，空気の熱伝導率が小さいのでその熱が逃げにくい（空気が衣服の役目をする）からである。

（2）衣服，布団

衣服を着て，この空気層が逃げないようにすると一層寒さを感じない。しかも衣服自体の熱伝導率も小さいので，保温効果が一層増すのである。

布団も空気の断熱層をつくって保温する。

Q3.18　魔法瓶のどこが「魔法」なのか。

▶**魔法瓶**
▶英語では Thermos bottle とか vacuum bottle という。vacuum bottle は熱の伝導・対流の防止を重視し放射防止の寄与を小さく見ている印象を与える。

3.6　湿度とは

水が蒸発すると空気中の水蒸気の密度は増えていくが，密度がある値に達するとそれ以上は増えなくなる（飽和する）。この最大水蒸気密度が，その温度における飽和水蒸気密度であり，そのときの水蒸気分圧を飽和水蒸気分圧という。

飽和水蒸気分圧は温度が高いほど高い。

相対湿度（％）＝（水蒸気分圧）×100/（飽和水蒸気分圧）

腕の汗をそのままにしておくと，水蒸気になってなくなる。つまり汗の水分が蒸発する。空気中の水蒸気が増えて水蒸気分圧が飽和水蒸気分圧に近づくと，蒸発速度はしだいに小さくなる。このとき，腕のまわりの空気が，その水蒸気分圧よりも低い水蒸気分圧をもつ空気の流れ（気流あるいは風）で吹き飛ばされると蒸発速度はより大きくなる。飽和水蒸気分圧との差がより大きくなるからである。

汗が蒸発するとき体表面から気化熱を奪うので体表面の温度は下がる。このとき風があると体表面の温度降下は一段と大きくなる。飽和水蒸気分圧との差がより大きくなって，蒸発が促進されるからである。

Q3. 19　扇風機は，湿度が高い部屋で使用しても涼しいであろうか。

Q3. 20　室温が同じでも，冬は夏より室温が少し低いと感じるのはなぜか。

3.7　人体におけるエネルギー供給，エネルギー消費

人体におけるエネルギー供給は食物の摂取によって行われる。

人体におけるエネルギー消費（運動による）の例：体重が 68 kg の大人の平均エネルギー消費量　① テレビ視聴　72 kcal/h　② ジョギング 540 kcal/h である。

ダイエット

Q3. 21　体重 55 kg の人が 1,167 kcal の食事をした。食事後の行動が，① テレビ視聴　② ジョギングの場合，この熱量を消費するのにかかる時間はそれぞれいくらか。ただし平均エネルギー消費量は体重に比例するとして算出せよ。

Q3. 22　体重 68 kg の人が，毎日 30 分間，テレビ視聴で 1 年間をすごし，翌年は減量を目指して毎日 30 分間，ジョギングをしてすごした。その他の時間の生活パターンは同じとし，また体重が減少は脂肪の燃焼によるものと仮定し，この 2 年間の体重差はいくらになるか。ただし脂肪の燃焼エネルギーは 39,800 kJ/kg とする。

Q3. 23　脂肪を 1 kg 減らすには，いわゆる摂取カロリーをいくら減らせばいいか。

3.8　体温制御

3.8.1　身体の温度

検温部位：核心温度を反映していて，測定しやすい部位は，腋窩，口腔，直腸，鼓膜などである。

温度は，腋窩＜口腔＜直腸の順に高い。

Q3. 24　腋窩で温度を測るときには，必ず腋の下の汗をぬぐうのはなぜか。

3.8.2　体温調節のための機能

（1）体熱の産生

熱の産生は，基礎代謝，非ふるえ熱産生，筋肉運動による代謝，筋肉のふるえによる代謝による。これらの熱は血液の循環によって身体の各部分に運ばれる。

（2）体熱の放散

体熱の放散は，皮膚からの放射・伝導・蒸泄，肺からの蒸泄などによる。発汗によらずに，皮膚および呼気から水分が失われることを不感蒸泄という。その量は，常温安静時には健常成人で 1 日に約 900 mL（皮膚から約 600 mL，呼気による喪失分が約 300 mL）程度である[*]。

水 1 g の蒸発には約 500 cal の気化熱が必要なので，不感蒸泄により，

---

[*] 日本救急医学会　http://www.jaam.jp/html/dictionary/dictionary/word/0515.htm

1日あたり約 450 kcal の熱が失われる。

Q3.25　体熱の放散の約 90％は皮膚からの放射・伝導・蒸泄による。皮膚から失われる熱量が多くなる体外環境（外気温，湿度，気流）について説明せよ。

（3）体温の制御機能

人の体温調節の設定値は 37.1℃ である。これは，このとき体調が最もよい状態を維持できる目標値である。

直腸温が 30℃ 以下になれば凍死し逆に高温で 42～43℃ になればうつ熱を招いて死亡する。

Q3.26　外気温が体温よりも高いときに有効な体熱の放散手段は汗の蒸発だけである。なぜか。

Q3.27　室内の相対湿度が高いとき，汗は出るが皮膚はなかなか冷えない。なぜか。この場合，汗をタオルでふき取ったり，扇風機にあたったりしたら皮膚温は下がるか。

Q3.28　発熱とうつ熱はどのように違うか。

体温異常のメカニズム

3.9　温熱療法，寒冷療法

身体の一部に温度刺激（温熱，寒冷）を与え，それらの刺激を血管・循環器系，筋系，神経系に伝え，鎮痛効果や消炎効果などを期待する方法が罨法である。

温罨法（温熱療法）および冷罨法（寒冷療法）においては，温度刺激が直接，患者の皮膚に触れないよう，カバーなどを使用する。これは，物理的には，熱伝導速度を遅くする意味をもっている。腰背部の温罨法（約 45℃ の温タオルを当てる）は腸の蠕動を高めて排ガス・排便を促す効果がある。

発熱・うつ熱と冷罨法の関係は重要である。うつ熱状態のときには冷罨法を行うが，発熱状態のときには行わない。

3.9.1　温熱療法

（1）温熱療法とは

温熱療法は，「熱，電磁波，超音波等のエネルギーを生体に供給し，最終的に熱エネルギーが生体に加わることで，循環の改善や疼痛の軽減，リラクゼーション等の生理的反応を引き起こすことを期待する治療法である。

（2）ガンの温熱治療

ガン細胞は通常細胞よりも熱に弱い。これを利用したのがハイパーサーミア*である。通常は 40～45℃ 程度の温度で治療を行う。ラジオ

＊　ハイパーサーミア（hyperthermia）とは温熱療法のこと。

波（RF波）やマイクロ波を使ったより高い温度（70℃〜）での治療も含まれる。

(3) 温熱療法の実際

1) ホットパック

シリカゲル，ベントナイトなどを詰めた袋を熱湯に浸して温めて使用する。小麦粒などを詰めた袋を電子レンジで温めて使用するタイプのホットパックもある。

2) パラフィン浴

加熱して溶かしたパラフィン（約50℃）の中に患部を浸してから浴外に出しパラフィンの皮膜をつけてパックする。パラフィンは水よりも熱伝導率が小さい（水の0.42倍）ため，同温度の温水よりも熱く感じないし，火傷を起こしにくい。また，その比熱が大きいので患部をパラフィン浴から出しても冷めにくい。さらにパラフィン皮膜ができるため保温性が高い。

電磁波や超音波のエネルギーが体内で熱エネルギーに転換されるときに発生する熱を使った治療法（極超短波治療（マイクロ波治療），超音波治療）については6章で説明する。

3.9.2　寒冷療法（低温療法）

氷のう，コールドパック（ゲル状の保冷剤*を詰めた袋），コールドスプレー（フルオロメタン，エチルクロライドなどを噴霧し，気化熱で冷却する）などを使って冷却する。

冷却される範囲は，皮膚の厚さ，その下の脂肪や筋肉の厚さ，組織に含まれる水分，血流量によって決まる。組織が損傷したり，体温が低下しすぎたり（低体温症）しないように注意する。

*　保冷剤：物体を低温に保つために用いられる薬剤を保冷剤（蓄冷剤）という。一般に袋詰めされて使用・市販されている保冷剤には，約99％の水と高吸水性樹脂（ポリアクリル酸ナトリウム），防腐剤，形状安定剤が含まれている。

3 熱，体温，電法

解　答

Q3.1 エタノールだけではない。白灯油，トルエン，ペンタンなどが多く使用されている。これらは無色であり，温度計のなかの液体が赤いのは着色用の色素の色である。

Q3.2 温度を計る円筒部分には水銀が入っていて，それが膨張すると，円筒部からはみ出た液体はつながっている細い管を上っていくので，液体の先端部が到達した位置（温度目盛り）から温度を読み取るのである。この細い管の一段と細いのが婦人体温計。体温が同じつまり水銀の膨張の程度が同じ場合，細い方が水銀中の高さがより高くなるので，体温の小さな変化を感度よく読み取れる。

Q3.3 ①注射筒の中の空気に熱 Q を与えると，空気の粒子の運動エネルギーが増加する。その結果，多数の粒子がプランジャーのピストン部に激しく衝突して内筒を外側へ押しだす。つまりプランジャーが持ち上げられる。

②プランジャーを強く押し込むと中の空気が圧縮される。つまり空気は圧縮の仕事をされる。その結果，空気の内部エネルギーが増加するので空気の温度が上がる。しかし周囲の温度との差が大きいと注射筒内の空気の熱 Q が周囲に逃げるので次第に温度差がなくなる。

Q3.4 マッサージ*により，身体の表面に軽い力学的仕事（例えば，さする，おす，たたく）をすると，力学的仕事は最終的には熱（摩擦熱）に変わるので，身体の表面を暖める効果がある。その結果，血行が良くなるであろう。また例えば，皮膚を介して血管を軽くしごくことがあれば血液を流れやすくする効果が期待できる。

Q3.5 空気及び水の温度を同じだけ上げるのに，水は空気の数千倍の熱を手から奪うからだ。

Q3.6 やけどの程度は，熱湯から体表面に伝わる熱量 Q の大きさに影響される。時間がたつと，熱量 Q は増える。さらに衣服にかかった熱湯がその部分から周囲に広がり，3.5.2 熱伝導の公式の伝熱面積 A が大きくなるからである。

Q3.7 やけどの程度は，熱湯から体に伝わる熱量 Q の大きさに影響される。熱量 Q が体表面から深部に伝わる前にすばやく取りのぞけば，やけどの程度が軽くなる。そのためには，3.5.2 熱伝導の公式の温度差 $T_2 - T_1$ が大きくし，それを維持する必要がある。

Q3.8 タイルは布製敷物よりも熱伝導率が大きいので，熱が足からタイルへ逃げる速度が大きく，タイルの温度が足の温度になかなか近づかないからである。

Q3.9 スプーンが金属製だと熱伝導率が大きいのでスプーンにのせた熱いスープの熱が相手の唇に短時間のうちに多量，伝わり，やけどを負わせる可能性がある。熱伝導度がより小さいプラスチック製や木製のものを使う。自分の手の甲で温度を確認し，やけどしないよう注意する。

Q3.10 氷（固体）が水（液体）になるとき，融解熱（潜熱）を奪うので水がある限り冷却効果が持続する。枕の中に空気が残っていると，空気は水よりも軽いので枕の上部に集まる。その空気は水よりも熱を伝えにくいので，空気が断熱層をつくって冷却効果がなくなる。

Q3.11 皮膚や皮下脂肪は熱を伝えにくいので，断熱材としてはたらく。この効果は皮下脂肪の多い人ほどよく発揮される。

Q3.12 足浴で足を洗った後は，足の温度がベースンの湯温と同じになっている（熱平衡になっている）。かけ湯の温度が足の温度より少し高いと，温度差ができ，かけ湯の熱が足に伝達されるので再び温まり，気持ちよく感じる。

Q3.13 天井付近にたまった暖かい空気を下方に，強制的に移動させるためである。

Q3.14 アルキメデスの原理によれば，より暖かい流体（密度が小さい流体）は上昇し，より冷たい流体（密度が大きい流体）は下降する。これが熱対流の起こる仕組みである。つまり「浮力が対流を生む」のである。

Q3.15 冷やされた空気は密度が大きいので上から下に移動する。もし冷却コイルを最も最下部に置くと冷やされた空気はそこに溜まったままなので庫内の大部分の空気は冷やされないことになる。

Q3.16 $Q = \alpha A t (T_h - T_l)$

$\alpha = 10 \text{ kcal/m}^2\cdot\text{K}\cdot\text{h}$, $A = 1.5 \text{ m}^2$, $T_h = (273+29) \text{ K}$, $T_l = (273+23) \text{ K}$, $t = 1 \text{ h}$ を代入すると，$Q = \alpha A t (T_h - T_l) = (10 \text{ kcal/m}^2 \text{K h}) \times (1.5 \text{ m}^2) \times (1 \text{ h}) \times (6 \text{ K}) = 90 \text{ kcal}$ となる。

Q3.17 風が，一定時間に伝熱により物体から奪う熱の量を増加させる。

Q3.18 魔法瓶は，二重壁の容器であり，熱の伝導・対流・放射による熱の出入りを最小にする仕組みをもつ，正に魔法の瓶だ。

二重壁の内部は真空にされ，熱の伝導と対流を最小にしている。さらに，容器の外側および内側の表面は鏡のようになっていて熱放射で出入りする熱を反射させるよ

うになっている。

Q3. 19　涼しく感じるのは汗が蒸発するときに気化熱を体表面から奪うから。非常に湿度が高い部屋の空気は水蒸気でほぼ飽和されているので，汗の蒸発は起こらない。したがってあまり涼しいとは感じない。

Q3. 20　冬は夏より湿度が低い。室内も，特に加湿器を使わないなら，湿度は低い。そうなると冬の方が汗は蒸発しやすい。その結果，気化熱が奪われるので，少し室温が低いと感じる。

Q3. 21　① $(55/68)\times72 = 58.2$ kcal, $1167/58.2 = 20$ h
② $(55/68)\times540 = 436.8$ kcal, $1167/436.8 = 2.67$ h

Q3. 22　テレビ視聴とジョギングでは，30分間あたりで $(540$ kcal/h -72 kcal/h$)\times0.5$ h $= 234$ kcal $= 234$ kcal$\times4.19$ kJ/kcal $= 980.5$ kJ の差がでる。この差は1年間で，980.5 kJ/日$\times365$ 日 $= 35800+0$ kJ になる。この熱量を脂肪の燃焼エネルギーで割ると，燃焼する脂肪の量は，358000 kJ$/39800$ kJ/kg $= 8.99$ kg
＊ 1 kcal $= 4.19$ kJ

Q3. 23　脂肪1 kg あたりの燃焼エネルギーは 39,800 kJ/kg。これを kcal 単位に換算すると，$(39,800$ kJ/kg$)/(4.19$ kJ/kcal$) = 9,520$ kcal/kg　脂肪1 g あたりでは $9,520$ kcal$/1,000$ g $= 9.52$ kcal/g

Q3. 24　汗が残っているとそれが蒸発するときに気化熱を奪うので気温が低めに出るからである。

Q3. 25　熱伝導によって伝わる熱量は，皮膚と外気との温度差に比例するので外気温が低いほど多くなる。蒸泄によって失われる熱量は，皮膚近くの水蒸気分圧と飽和水蒸気分圧との差に比例するので周囲の湿度が低いほど多くなり，また飽和水蒸気分圧は温度が高いほど高いので外気の温度が高いほど多くなる。

Q3. 26　体熱の放散は，皮膚からの放射・伝導・対流・蒸泄による。外気温が体温よりも高いと放射・伝導・対流による体熱の放散は原理的に起こらず，逆に周囲の熱が身体に移動する。したがって残る体熱の放散手段は蒸泄すなわち汗の蒸発だけとなる。

Q3. 27　蒸発速度は，皮膚と周囲の湿度の差に比例するので，相対湿度が高く皮膚と周囲の湿度の差が小さい場合には，汗はなかなか蒸発しない。したがって汗の気化熱による冷却効果が小さい。

Q3. 28　どちらも高体温となるが，その発症メカニズムは違う。悪寒・戦慄をともなう"発熱"の原因は病気であり，"うつ熱"の原因は，高温・多湿・無風という体外環境のため，体熱の放散効率が悪くなることである。

4 流体と呼吸・循環・吸引・医療

この章では流体（液体，気体）を扱う。人体と流体の関係はとても深い。体内では血液が循環している。体外と肺の間ではガス交換が行なわれている。注射器や点滴装置で薬液を体内に入れたり，血液を体内から採取している。

血液が太い血管から細い血管に入ると血液の圧力や流速はどのように変わるのであろうか。血流速度が速くなって層流から乱流に変わると血管はどのような影響を受けるのだろうか。これらには，流体に関する物理法則が働いている。

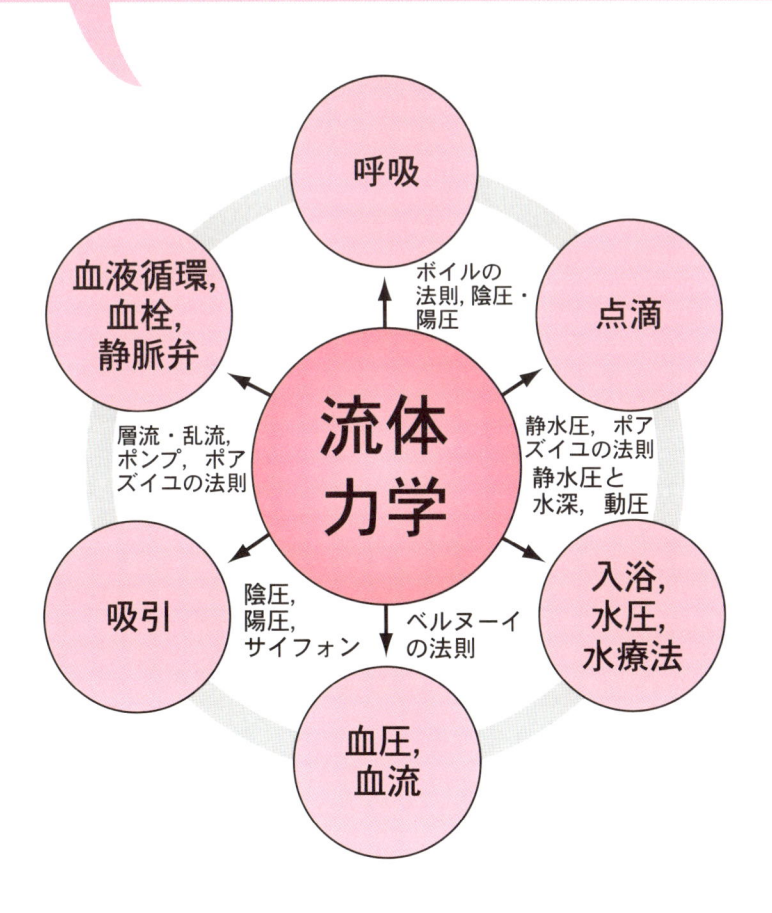

- 呼吸（ボイルの法則，陰圧・陽圧）
- 点滴（静水圧，ポアズイユの法則，静水圧と水深，動圧）
- 入浴，水圧，水療法
- 血圧，血流（ベルヌーイの法則）
- 吸引（陰圧，陽圧，サイフォン）
- 血液循環，血栓，静脈弁（層流・乱流，ポンプ，ポアズイユの法則）

中心：**流体力学**

4.1 流体

4.1.1 流体とは

物質は，すべて粒子から構成されており，粒子の集合状態によって固体，液体，気体に分類される。

固体の体積や形状は温度と圧力で決まる。これに対して，液体や気体の体積は温度と圧力で決まるが形状は定まっていない。そのため自由に変形する。液体及び気体をまとめて流体という。流体が運動している状態を流れという。流体はなぜ流れるのか。流体を構成している粒子（原子または分子）が自由に動き，その相対的な位置を自由に変えることができるからである。

4.1.2 流体の圧力

流体はどんな方向にも流れるわけではない。たとえば水は高いところから低いところへ流れる。水を低いところから高いところへ流すには，低いところにある水に圧力をかけなければならない。一般に，流体には圧力がある。たとえば気体では大気圧，液体では水圧，血圧，などである。

4.1.3 流れの可視化と流線

(1) 流線と流速，圧力

線香の煙の動き，水に浮かんだゴミの動き等によって空気や水の流れを追うことができる(流れの可視性)。これらの流れの軌跡を流線という。流線は連続的な流れのパターンである。

流体は太い管から細い管に入ると流線が密になる（図4.1）。また流体が太い管から細い管に入ると流速（線速度）は大きくなる。この線速度の変化は，例えば注射器内の液体の線速度よりも針先から出る液体の線速度がはるかに速いことから容易にわかるであろう。流体では流線が密なところの流速は流線が疎なところよりも速いのである。

また流体の速度（線速度）が大きくなるにつれて流体の内部の圧力は低くなる（4.1.5を参照）。

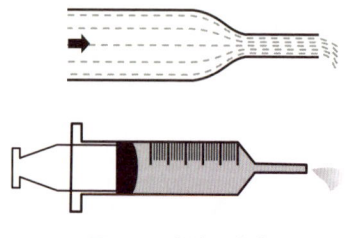

図4.1 流線と流速

* 4.3.5を参照

Q4.1 流体は太い管から細い管に入ると流速（線速度）が大きくなる*のはなぜか。

(2) 流体の粘性率

流体には水のようにサラサラしたもの，油やマヨネーズのように粘っこいものがある。この粘っこさの度合を粘性率 η という（表 4.1）。粘性率は粘度，粘性係数ともいわれ，単位は P（ポアズ）である。

粘性の原因は摩擦力にある。摩擦力は，水のようにサラサラした流体では，主に管壁内面と流体との接触面に働くが，粘っこい流体では，管壁と流体との接触面だけでなく，流体同士（流体の層と層との間）にも働く。

管壁と流体との間の摩擦力はもちろん管壁の材質や表面形状の影響を受ける。しかし，管壁は静止しているので流体の流れを妨げる効果が大きく現れるため摩擦力は大きい。これに比べて同一方向に動いている流体の層間にはたらく摩擦力は小さい。

流体は接触面との摩擦力が小さいほど動きやすい。つまり流速は摩擦力が小さいほど速くなる。したがって粘性流体が管の中を流れる場合，流速 v は管壁から管の中心（管軸という）に近づくにつれて増大する。流速の大きさを矢印の長さで表すと流速の分布は図 4.2 の右側のような形になる。

管内側の半径を r，流体の層同士の間に働く摩擦力を F，粘性率を η とすると，次の式（ニュートンの粘性法則）が成り立つ。

$$F = \eta (dv/dr)$$

表 4.1 粘性率の例

流体	粘性率（cP）
水	1.0
血漿	1.2
血液	4.7

▶ 1 P（ポアズ）＝ 100 cP（センチポアズ）＝ 0.1 Pa·s（パスカル秒）

▶流体の流れの速さは粘性率が大きいほど小さくなる。血液が水よりも相当流れにくいことは表 4.1 からわかる。

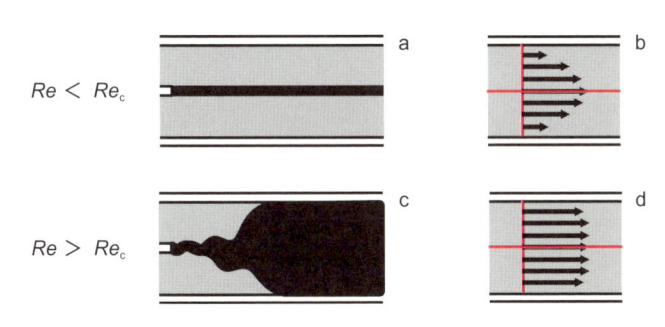

図 4.2 層流（a, b）と乱流（c, d）

Q4.2　図 4.2 の層流において流速を表わす矢印の先端の分布が放物線状になるのはなぜか。

(3) 層流と乱流

流れの状態と流速の関係を調べると，流れの状態は流速が比較的遅い間は規則的であるが，流速が速いと不規則になる。規則的な（一様な）流れを層流（laminar flow），不規則な（乱れた）流れを乱流（turbulent flow）という（図 4.2）。

層流と乱流の例は水道蛇口からの水流に見られる。蛇口を少しひねっ

たときには，透明な状態で音を立てずに流れる（層流）。蛇口を大きくひねったときには，白く泡だった状態で音を立てて流れる（乱流）。

図4.2のa，cの図は，水流に着色した水を注入したときの様子を示している。図は白黒表示なので黒い線で示している。図4.2 aは流速が比較的遅いときのものであり，着色した水は規則的な流れ（管壁に平行な一本の細い流れ）となっている（層流）。図4.2 bは流速が速いときのものであり，着色した水の流れは乱れ（乱流），管の全断面に広がっている（乱流）。

矢印は，長いほど流速が大きく，短いほど流速が小さいことを表す。円管内での流れの断面を見ると，層流では速度（流線）の分布が放物線状であり，乱流では速度分布がほぼ一定であることがわかる（図4.2）。

流れの状態が層流から乱流に遷移する流速についての情報は，次項のレイノルズ数Reから得られる。

(4) レイノルズ数

▶レイノルズ数は $Re = v\rho D/\eta$ と表されるので，流速vが大きく，粘性ηが小さいほどレイノルズ数Reが大きくなる，つまり乱流になりやすいことがわかる。

レイノルズ数Reは，$Re = v\rho D/\eta$ と定義される。ここでρ：液体の密度，η：液体の粘性率，v：平均流速，D：管の直径。

一般に，流れはレイノルズ数Reが小さいうちは層流であり，レイノルズ数Reが大きくなるにつれて乱流に移り変わる。言い換えると，流速vが小さいときはレイノルズ数Reも小さいが，流速vが大きくなるとともにレイノルズ数Reも大きくなっていく。

レイノルズ数Reが臨界値を超えると流れが層流から乱流に遷移する（図4.2）。このレイノルズ数Reの臨界値を臨界レイノルズ数（Re_c）という。

円管内の流れ（ポアズイユ流）の場合，レイノルズ数Reが約2000以上では乱流になり，約2000よりもかなり小さい場合には層流になる。

(5) ニュートン流体と非ニュートン流体

流れの速度勾配の，わかりやすい例は層流であろう。層流では速度（流線）の分布が放物線状であった。放物線状の速度（流線）分布のある点における接線の傾きが流れの速度勾配である。

* せん断応力あるいは接線応力ともいう。

流れの速度勾配をずり速度という。ずり速度と粘性率の積を流れのずり応力*という。このとき粘性率が一定（ずり速度によって変わらない）の流体をニュートン流体といい，粘性率が一定ではない（ずり速度によって変わる）流体を非ニュートン流体という（表4.2）。

表4.2　ニュートン流体と非ニュートン流体の例

ニュートン流体	空気，水，血漿，血清など
非ニュートン流体	血液，硬化する前のペンキ，コンクリート，モルタルなど

Q4.3 血液は非ニュートン流体で血漿はニュートン流体である。この違いは何によるか。

4.1.4 ベルヌーイの定理（または法則）

固体は運動エネルギーと位置エネルギーを持つ。流体は，これらのエネルギーを持つだけでなく，容器内の，接触している壁に圧力を及ぼすので圧力のエネルギーをも持つことになる。

斜めに置かれた管（図4.3）の中を密度 ρ の流体[*1]が流れている場合を考える。管内の任意の2点（1および2）における，断面にかかる圧力を p_1, p_2 断面の中心の流速を v_1, v_2 基準となる任意の水平面から断面の中心までの高さを h_1, h_2 とする。この2点間で流体が漏れなければ，流体のエネルギーおよび質量は2点間で等しいので，運動エネルギー，位置エネルギー，圧エネルギーの和は2点間で同じになる。この関係を式で表すと，

$$(1/2)\rho v_1^2 + \rho g h_1 + p_1 = (1/2)\rho v_2^2 + \rho g h_2 + p_2$$

この関係をベルヌーイの定理という。この式は次のように表わすこともできる。

$$(1/2)\rho v^2 + \rho g h + p = 一定$$

上式の左辺第1項は運動エネルギーに関係するので動圧，第2項は位置エネルギーに関係するので位置圧，第3項は圧エネルギーに関係するので静圧[*2]という。動圧は流れの圧力であり，位置圧は管の高さによって変わる圧力，静圧は流れがなくても受ける圧力であり，これらの和を全圧という。

*1 粘性を無視でき，縮まず，定常流として流れている流体とする。

*2 流体が水や血液などの場合，静水圧と呼ばれる。

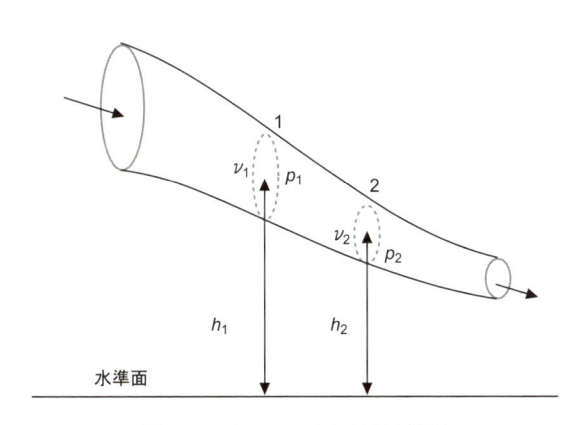

図4.3 ベルヌーイの定理の説明

Q4.4 ベルヌーイの定理の式において高さ h が同じ場合，流速 v が大きいほど流体内部の圧力 p は小さくなることを説明せよ。

Q4.5 ベルヌーイの定理の式において流速 v がゼロの場合，高さ h が大きいところほど圧力 p は小さくなることを説明せよ。

Q4.6 血栓ができると血管の内側の断面積が小さくなる。その結果，血圧が上がることをベルヌーイの定理で説明せよ。

Q4.7 浴槽に入ってシャワーを浴びるとき，シャワーカーテンをきちんと閉めてシャワーの栓を全開にすると，シャワーカーテンが身体の方になびき身体にくっつくことがある。なぜか。

4.1.5 ベルヌーイの定理の応用
(1) ベンチュリ効果
ベルヌーイの定理から，流体の流れを絞ることによって流速を増加させると，高速部分の圧力は低速部分の圧力よりも低くなる（図4.4）。これをベンチュリ効果（Venturi effect）といい，霧吹きやジェットネブライザー等にはこの原理が使われている。

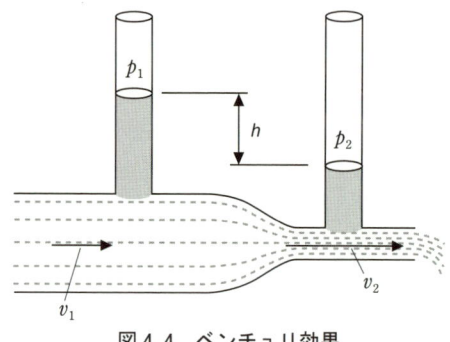

図4.4 ベンチュリ効果

図4.4において，流線が疎な場所"1"の圧力 p_1 は密な場所"2"の圧力 p_2 よりも高い（液柱は h だけ高い）。流線が密な場所"2"の流速 v_1 は流線が疎な場所"1"の流速 v_2 よりも大きい。

(2) ベンチュリ効果の応用
1) 霧吹き，噴霧器，スプレー

ストローに深い切れ目を入れて直角に曲げたストローの一端を液体の中に入れ，他端を強く吹くと，液体が吸い上げられて霧になる（図4.5）。ベルヌーイの定理により，ストローの切れ目の部分で流速が大きくなるのでその部分の圧力が下がるので液体が吸い上げられるからである。

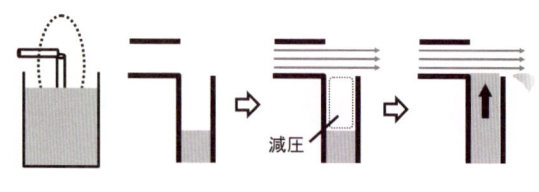

図4.5 霧吹きの仕組み

2) アスピレータ，給油ポンプ

水流で手軽に減圧状態をつくるアスピレータ（水流ポンプ）はベンチュリ効果を利用している。石油ストーブに給油するポンプもベンチュリ効果を利用している。

4.1.6 浮力，アルキメデスの原理
(1) 浮　　力

流体の例として水を考える。水中に静止している物体には，重力，静水圧，浮力がはたらく。静水圧は水深に比例する（4.3.1 を参照）ので，静水圧の大きさを矢印の長さで表すと図 4.6 のようになる。この図からわかるように，物体には，全体として上向きの静水圧（＝単位面積当りの力）がはたらく。したがって物体は上に押し上げられる。これが浮力である。

浮力とは，流体中に存在する物体に，その流体によって与えられる上向きの力である。ヘリウム入り風船や熱気球が浮かび，水中の気泡が浮き上がり，物体が水に浮くのは浮力を受けるためである。

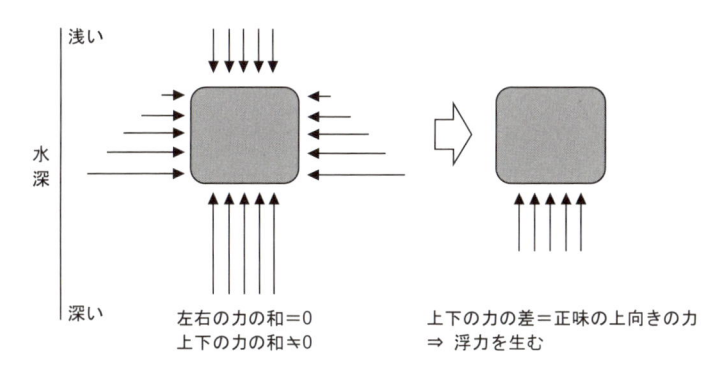

図 4.6　水中の物体にはたらく静水圧

(2) アルキメデスの原理

静止流体に浮いている物体や流体中に沈んでいる物体は，その物体と置き換わった流体の重量（＝重力）に等しい大きさの浮力を受ける。これをアルキメデスの原理という。

"物体と置き換わった流体の重量" は（流体の質量）×（重力加速度）＝［（物体の体積 V）×（流体の密度 ρ_f）］×（重力加速度 g）＝ $\rho_f V g$ である。この重力が浮力 B とつり合うので

$$B = \rho_f V g$$

物体の密度を ρ とすると，それに働く重力の大きさは $\rho V g$ である。この物体に働く浮力は $\rho_f V g$ だから，物体に働く上向きの力は

$$F = \rho_f V g - \rho V g = (\rho_f - \rho) V g$$

$\rho_f > \rho$ のときは物体が流体から浮き上がり（例：水と木片の関係），ρ_f

$< \rho$ のときは物体が流体の中に沈む（例：水と小石の関係）。

水中では身体が軽く感じられる。水中にある身体部位に上向きの力すなわち浮力が働くからである。浮力の大きさは，身体部位が排除した水の重量に等しい。

4.1.7 流体の流れ
(1) 圧力差，体積流量

流体は圧力の高い方から圧力の低い方へ流れる。管の入り口と出口の圧力がそれぞれ p_1, p_2 であるとき，$p_1 - p_2 = \Delta p$ を圧力差あるいは圧力降下という。

管の中を単位時間に流れる流体の体積を体積流量（または流量）という。言い換えると体積流量は流体の体積 ΔV をそれに対応する時間 Δt で割った量 $\Delta V / \Delta t$ である。

(2) ポアズイユの法則
1) ハーゲン-ポアズイユの式

粘性係数 η の流体が，半径 r で長さ L の管の中を流れている。管の入り口と出口の圧力が p_1, p_2 であるとき，体積流量 F は，

$$F = \Delta V / \Delta t = \pi r^4 (p_1 - p_2) / 8\eta L$$

この式は，流れが層流でニュートン流体の場合に成立つ。この式はハーゲン-ポアズイユの式，あるいは単にポアズイユの式とも呼ばれる。

上の式から，圧力差が一定のとき，体積流量 F は管の半径 r の 4 乗に比例し，流体の粘性係数 η と管の長さ L に反比例することがわかる。

2) ハーゲン-ポアズイユの式の意味

流体の体積流量 F はその圧力差 Δp ($= p_1 - p_2$) に比例し，流体の流れに対する抵抗に反比例する。式で表すと，

体積流量 $F = (p_1 - p_2) /$ (抵抗 R)

上の式をハーゲン-ポアズイユの式 $F = \pi r^4 (p_1 - p_2) / 8\eta L$ と対応させてみると，抵抗 $R = 8\eta L / (\pi r^4)$ であることがわかる。つまり抵抗は管の太さ（半径），管の長さ，流体の粘性で決まる。

▶ポアズイユの法則は流体に対して成立つので当然気体にも成り立つ。都市ガス会社の技術者は，ガスの圧力差や抵抗を考えて最良のガス配管を設計している。

▶血液は流体なので，血流にはポアズイユ・ハーゲンの式があてはまる（4.7.2 の (3) を参照）。

Q4.8 注射筒のピストンを押す力・薬液の種類・量はもとのままにし，注射針だけを細いものに替えた。針の長さはもとのものと同じで内径だけをもとの半分にすると，薬液量がゼロになる時間は何倍にのびるか。

4.2 気体，気体の法則
4.2.1 気体
(1) 理想気体の状態方程式

気体の体積 V は，物質量 n と絶対温度 T に比例し，圧力 p に反比例する

$$pV = nRT$$

上の式において温度 T が一定の場合，一定量の気体の体積は圧力に反比例する。

$$pV = 一定$$

これを**ボイルの法則**という。

Q4.9 $P_i = 1$ atm，$V_i = 1.0\ \ell$，$V_f = 2.0\ \ell$ であるとき p_f は何 atm か。

(2) 混合気体の全圧と分圧

混合気体が示す圧力を全圧 p，混合気体の成分気体が単独で，同じ容積を占めるときに示す圧力を分圧 p_1，p_2……という。成分気体 i の分圧 p_i と濃度 c_i あるいはモル分率 x_i との間の関係は，

分圧 p_i ＝（全圧 p）×（濃度 c_i）＝（全圧 p）×（モル分率 x_i）

また，全圧は各気体の分圧の和に等しい（ドルトンの分圧の法則）。

Q4.10 平地での大気の圧力（＝全圧）が 760 mmHg，酸素と窒素の濃度がそれぞれ 20.9％，70.9％であるとする。酸素と窒素の分圧はいくらか。

Q4.11 気管内の空気は水蒸気で薄められる。体温 37℃における水蒸気の分圧は 47 mmHg である。酸素と窒素の濃度はそれぞれ 20.9％，70.9％であるとし，酸素と窒素の分圧を求めよ。

> 分　圧

4.2.2 大 気 圧

(1) 大気圧のイメージ

空気は海面から 30 km の高さまで存在する。空気の密度は小さいが空気の層がこれだけ厚いと，地上の 1 cm^2 の面にかかる重量は 1 kg 重になる。仮に頭の断面積が 200 cm^2 の頭にかかる重量はなんと 200 kg 重になる。

Q4.12 大気圧が 1 気圧のとき，地上の 1 cm^2 の面にかかる空気の重量は何 kg 重か。

(2) 大気圧の大きさ

圧力＝（力）/（面積）＝（質量×重力加速度）/（面積）なので，高さが 30 km で底面積が A m^2 の仮想的な空気柱の質量がわかれば大気圧を計算できるが，そのためには空気柱の中の空気の密度が必要である。この密度は高度が高いほど小さくなるのでたとえば平均密度を使う方法もあるが，ここでは，大気圧（1 気圧）が 76.0 cm の水銀柱の圧力に等しい事実を利用して大気圧を計算してみる。水銀の密度は 13.6 g/cm^3 ＝ 13.6 (kg×10^{-3})/(m×10^{-2})^3 ＝ 13.6×10^3 kgm^{-3} である。

▶地上にいる人間はこれだけの圧力を受けているがつぶされることはない。それは，この外部の圧力に抗する圧力が人間の内部にあり，外部の圧力とつり合っているからである。

$$\text{圧力} = (\text{力})/(\text{面積}) = [(\text{質量})\times(\text{重力加速度})]/(\text{面積}),\ \text{質量}=\text{体積}\times\text{密度},\ \text{体積}=\text{底面積}\times\text{高さ}\ \text{の関係より},$$

$$\begin{aligned}
1.00\ \text{気圧} &= [(A\ \text{m}^2\times 0.760\ \text{m})\times 13.6\times 10^3\ \text{kgm}^{-3}]\times(9.807\ \text{m s}^{-2})/A\ \text{m}^2 \\
&= 1.013\times 10^5\ \text{kg m}^{-1}\text{s}^{-2} \\
&= 1.013\times 10^5\ (\text{kg ms}^{-2})\text{m}^{-2} \\
&= 1.013\times 10^5\ \text{Nm}^{-2} \\
&= 1.013\times 10^5\ \text{Pa} \\
&= 1.013\times 10^3\times(10^2\ \text{Pa}) \\
&= 1.013\times 10^3\ \text{hPa}
\end{aligned}$$

▶ Pa（パスカル）は圧力の単位。フランスの哲学・物理学者 Pascal にちなむ。1 Pa は 1 m² に 1 N（ニュートン）の力が作用するときの圧力。大気圧には hPa（ヘクトパスカル）を使う。

Q4. 13 1気圧は，高さが 76.0 cm，底面積が 1 cm² の水銀柱の重量に等しい。水銀柱のかわりに水柱をつかうとその高さはいくらか。

4.2.3 高圧，低圧
(1) 高圧の人体への影響
もし，外部の空気の圧力が急に上がったら人体は押しつぶされて小さくなるだろうか。頭部は頭蓋骨，上体部は肋骨などでまもられているので高圧のため人体が変形することはない。

1) 高圧酸素療法

高圧酸素療法を行うときに，臨床検査技師は「耳抜き」という動作を患者に促す。これは鼻をつまみ，唾を飲み込むという動作である。圧力の上昇につれて耳が痛くなるのを防ぐ対策である。

2) 気体の液体への溶解

気体の圧力が高いほど気体の液体への溶解度が高くなる。これをヘンリーの法則という。空気の圧力が高いと，その成分である窒素，酸素，二酸化炭素が過剰に血液に溶け込んで障害を起こすことがある。

(2) 低　圧
1) 人体の外見への影響

外部の空気圧が急に低下したら人間はどうなるであろうか。それ以前は身体の内部の圧力が外部の圧力に抗してつり合いを保っていたが，急に外部の圧力が低下すると，身体の内部の圧力が外部の圧力より大きくなるので，身体が膨れる。顔は膨れ，眼は，釣り上げられた深海魚のように，飛び出る。

2) 減圧症

ダイバーが急に浮上すると，肺から排出されない過剰の窒素が，それまでの溶解状態から気体に変わるため組織や血液の中に気泡を生ずる。この気泡は激痛をともなう症状を引き起こす。

3) 空気塞栓症

ダイバーが浮上するとき，まわりの圧力が下がるので気道内の空気が

膨張する（ボイルの法則）。それによって肺胞破裂が起こると血中に気泡が生じる*1。この気泡は肺静脈系に取り込まれ，心臓から体循環系に送り出される。気泡が脳で血流阻害を起こすと脳障害や死を招く。気泡が塞栓となるので空気塞栓という。

*1 血液が低温沸騰するので血管内には気泡が発生する。

（3）圧力変化の耳への影響

ジェット機が上空を飛んでいる時，機内は約 0.7 気圧*2（高度 3,000 m の大気圧相当）に保たれている。耳が，地上の大気圧（1 気圧）に慣れた状態から 0.7 気圧に曝されると，ボイルの法則にしたがって耳の内部の空気が膨張するため鼓膜が外側に押されるので痛みを感じる。

着陸のときは機内の圧力が 0.7 気圧から 1 気圧にもどるので，鼓膜が内側に押され痛みを覚える。

*2 ジェット機が飛ぶ高度 12,000 m の大気圧は約 0.2 気圧。機内を 1 気圧にすると機体が膨らみ壊れる恐れがある。そこで機内を約 0.7 気圧にして機体内外の圧力差を 1.0−0.2 ＝ 0.8 気圧ではなく 0.7−0.2 ＝ 0.5 気圧にしている。機体は圧縮には強いが膨張には弱いのである。

4.3 液　　体

4.3.1 水深と静水圧

（1）水深と静水圧の関係式

水中で受ける圧力（静水圧）は，水深に比例して大きくなる。水面から深さが h の水の中の圧力 p は大気圧 p_0 よりも $\rho g h$ だけ大きい。

$$p = p_0 + \rho g h$$

ここで ρ は密度，g は重力加速度である。

▶左式は，Q4.6 で考えたように，ベルヌーイの定理をつかって導くこともできる。

Q4.14 水深と静水圧の関係式を導け。

Q4.15 10 m 潜ると静水圧はどれだけ増すか。

▶1 気圧は $1.013 \times 10^5 \, \mathrm{Nm^{-2}}$ なので，10 m 潜ると静水圧は 1 気圧増えることになる。

1）ダイビングのときに身体にかかる静水圧

スノーケルをつけて潜水するときは，肺内部は 1 気圧に保たれるが，胸部外表面は大気圧（1 気圧）の他に静水圧で圧迫される。この外圧に勝たないと息を吸うことはできない。水深が約 1 m（水圧は約 0.1 気圧）になると吸息筋は外圧に勝つのが難しくなる。つまり正常呼吸が不可能になる。この理由からスノーケルをつけて 1 m 以上の深さに潜ることは許されない。

▶全身浴は半身浴にくらべて水深が大きいので水圧も大きい。そのため身体にかかる負担は全身浴の方が大きい。

2）入浴のときに身体にかかる静水圧

a. 身体の水中にある部位は静水圧で圧迫される
　その結果，
　・静脈環流が多くなり，心臓への負荷が高まる。
　・横隔膜が押し上げられるため肺の容積が減り呼吸が速くなる。つまり息苦しくなる。

b. 温湯につかると血管が広がって筋肉が弛緩する

リラックスした状態と同じ。下半身が暖まると，抹消血管が膨張して

▶洋式浴槽は和式浴槽よりも浅いので全身浴をしても身体にかかる静水圧は和式浴槽よりも小さい。

そこに血液が滞留する。その結果，頭部への血流が減少し少しボーッとする（一種の快感を感じさせる）。

この状態のとき急に立ち上がると下半身を押していた静水圧がなくなるので血液は下半身に取り残されたままとなる。その結果，貧血症状を起こして少しフラフラする。

4.3.2 パスカルの原理と応用
(1) パスカルの原理
密閉された静止流体に加えられた圧力は減少せずに流体のすべての部分，及びその閉じた容器の壁に伝わる*。これをパスカルの原理という。

(2) パスカルの原理の応用例
1) 油圧機，水圧機

重機の油圧システム，自動車の油圧ブレーキ，製鋼所のプレス機（油圧，水圧）…と応用範囲は広い。

2) ウォーターマットレス，ジェルマットレス，エアーマットレス

ウォーターマットレス（1章を参照）では，それに接している身体の部位凸部，凹部に関係なくベッドと接触している面であればどこでも圧力は同じになる（パスカルの原理）。圧力が集中した部位が，原理的にできないので，褥瘡の予防には効果がある。ただし浮遊性があって安定性はあまり良くない。

ジェルマットレスは，ウォーターマットレスの水をジェルに置き換えたものと考えて良い。ウォーターマットレスのときと同じように，パスカルの原理が働くので圧力が集中した部位が生じない。

エアーマットレスにおいてもパスカルの原理が働く。しかも身体の圧迫部位をたえず移動させる機構をもっているので，褥瘡の予防には効果がある。

4.3.3 ラプラスの法則
管内を流体が流れているとき，流体の圧は管を外側に拡張しようとし，同時にこの内圧に抗する張力が働いている。管内の圧が P のとき，半径 r の管壁にかかる張力 T は

$$T = aP \cdot r$$

ここで a は比例定数である。上式をラプラスの法則という。上の式において内圧 P が一定の場合，張力 T は半径 r に比例する。つまり内圧が同じなら，管が太いほど管壁に生じる張力は大きいことになる。

日本人の腹部大動脈の直径は 17 mm 〜 23 mm 程度といわれ，その直径が瘤のない大動脈の 1.5 倍以上になった場合，大動脈瘤と呼ばれる。大動脈が拡張して直径が大きくなるほど，ラプラスの法則により，大動脈壁にかかる張力が増大してゆく。つまり大動脈瘤は大きくなればなる

---

* この原理は容器中の流体が液体の場合だけでなく，気体の場合や気体と液体が共存している場合にも成り立つ。

ほど，その大動脈壁にかかる張力は増大することとなる。瘤が大きくなるほど動脈壁厚は薄くなってゆくので，動脈壁は最終的には血圧（動脈壁を内側から外側へ押す力を生じる）に抗しきれなくなって破裂することになる。

4.3.4 連続の式

断面積が異なる2つの管がつながった管がある（図4.7）。その中を流れる液体の流量（m^3/s）と断面積（m^2）および流速（m/s）の関係を考えよう。

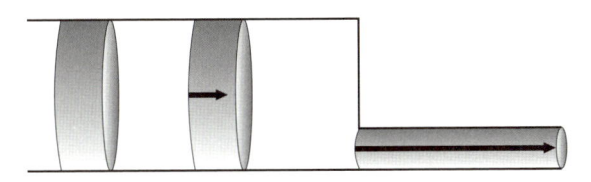

体積流量はどこでも同じなので，管の断面積が小さくなると流れの線速度が速くなる

図4.7　連続の式の意味

2つの管の断面積をA_1およびA_2，液体の流速をv_1およびv_2，流量をF_1およびF_2とすると

$$F_1(m^3/s) = A_1(m^2) \times v_1(m/s) = A_1v_1(m^3/s) \qquad F_2(m^3/s) = A_2v_2(m^3/s)$$

断面積A_1の管内の液体は必ず断面積A_2の管に入るので，2つの管内を流れる液体の流量は，管の断面積（太さ）によらず一定である。すなわち$F_1 = F_2$　したがって次の関係式が成り立つ。

$$A_1v_1 = A_2v_2$$

この式を<u>連続の式</u>＊という。流れの速度が変化しない流れ（定常流という）の場合に成り立つ。

＊　連続の式は気体では成り立たない。気体は圧力によって体積が変化するからである。

Q4.16　断面積が異なる2つの管がつながった管内を流れる液体の流速は，断面積の小さい管内の方が断面積の大きい管内よりも速い。それはなぜか。

Q4.17　血管内に血栓ができて血管の断面積が半分になっているとしよう。そこを血液が通るとき，血液が流れる速度はどうなるか。

Q4.18　血管は末梢に近づくにつれて細くなる。血管の内側の半径が半分になったところの血液が流れる速度は元の何倍になるか。

Q4.19　液体の入ったバッグにつながる1本の管に分岐管をつないで液体を2本の管に流れるようにした。3本の管の内径が同じだとすると，分岐管の先の管から出る液体の体積速度は根元の管の中の速度の何倍になるか。

▶輸液セットの流路はなるべく短くし，細いチューブをつながないようにする！

4.3.5 サイフォン

<u>サイフォン</u>とその仕組みを図4.8で説明する。サイフォンの原理は，

医療における吸引や重力式ドレナージ（4.5を参照）に応用されている。

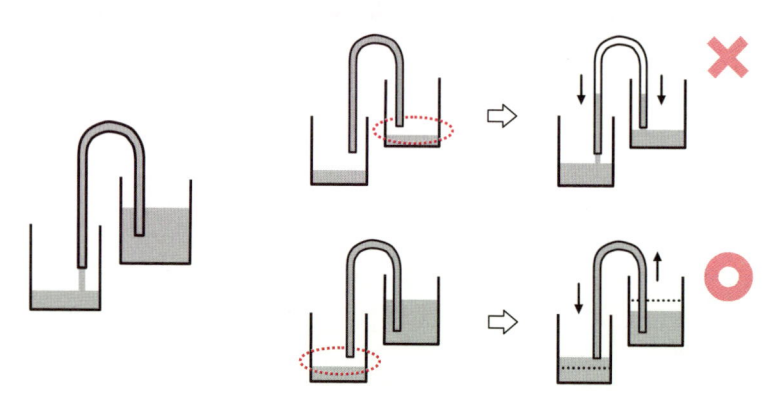

図4.8 サイフォンの仕組み

* チューブは一例であり，一般的には管ということが多い。

容器に入った液体の面よりも少し深いところまでチューブ*の一端（液体の入口）を差し込み，その端から1/3ほど他端寄りの部分を逆U字型に曲げ，その先端（液体の出口）を容器の底面よりも低い位置（液面よりh〔m〕だけ低い）にセットする。次に，出口から液体を吸うと液体は入口から上りはじめチューブの頂点を通って下降し出口から流れ続けるようになる。このように液体が自然に液面よりも高いところへ上って出口から流れ続ける現象をサイフォンという。

チューブ内が液体で満たされているとき，液体中に差し込まれたチューブ内の，液面と同じ位置の圧力は大気圧p_0に等しい。一方，出口側（B点）の圧力は，$p = p_0 - \rho g h$である。つまり，チューブの入口側の圧力は出口側よりも高い。言うまでもなく液体は圧力の高いところから低い方へ自然に移動する。したがってサイフォン現象が起こることになる。

▶サイフォンの注意点：
① 逆U字型の管の，汲み出す液の中にある部分から，その液面よりも低い位置にある液体流出口までを液体で満たす。
② 液体で満たされた逆U字型管の液体流出口を汲み出す液の面よりも低くする。流出口が排出液中に深く入っている場合には，排出液の液面を汲み出す液の面よりも低くする。

Q4.20　1気圧の下で水をサイフォンで汲み出す場合，水面から曲管の最高部までの高さは10 m以下にする必要がある。なぜか。

4.4　気体と呼吸器：気道，肺，肺胞

4.4.1　呼　　吸

（1）肺呼吸の仕組み

胸郭内部の体積が増加すると，陰圧になるので，外鼻・鼻腔・喉頭・気管・気管支を通して肺胞内に外界の空気が吸い込まれる（図4.9）。

4 流体と呼吸・循環・吸引・医療

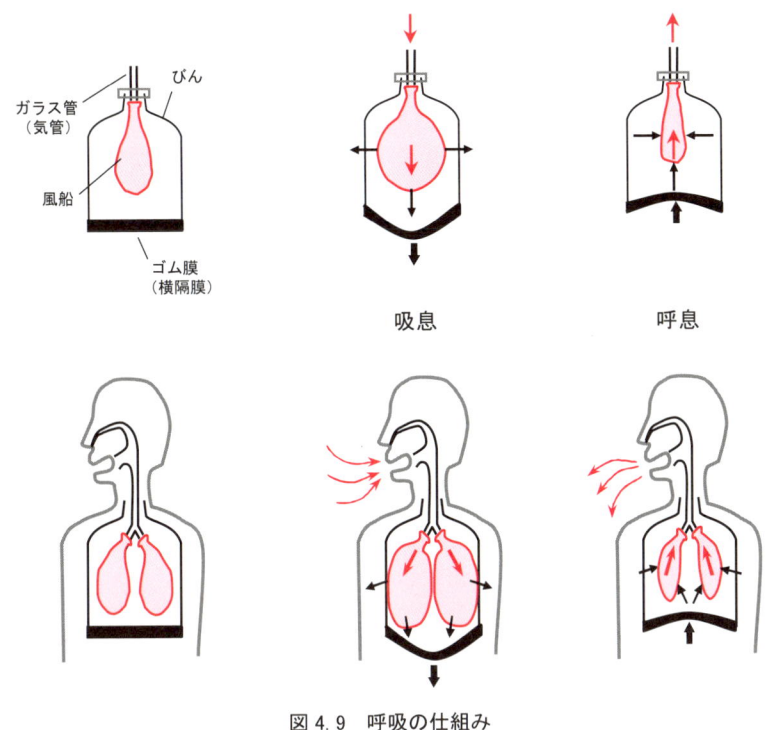

図 4.9 呼吸の仕組み

(2) 吸　息

肺の肺胞に空気が吸い込まれることを吸息という。空気が吸い込まれるのは肺胞内部が陰圧になっているためである。この陰圧は次の仕組みで生まれる。

横隔膜の降下，肋骨の上方への振り上げ，胸骨の外側への押し出しにより，胸郭内部の体積 (V) が増えると，ボイルの法則 $pV = $ 一定 にしたがって，胸郭内部の圧力 (p) は下がることになる。つまり陰圧になる。

吸息は，肺胞内の圧力が大気圧に等しくなったときに終わる。

(3) 呼　息

肺から空気が出ることを呼息という。空気が出ていくのは肺胞内部が陽圧になっているためである。

呼吸器が吸息時と反対の動きをすることにより胸郭内部の体積 (V) が減ると，ボイルの法則 $pV = $ 一定 にしたがって，胸郭内部の圧力 (p) は上がることになる。つまり陽圧になる。

呼息は肺胞内圧が大気圧に等しくなったときに終わる。

通常の呼息時には，胸腔内圧が大気圧に対して約 5 mmHg の陰圧となっている。ただし肺胞内圧は陽圧*である。

* この陽圧は肺胞膜の弾性収縮力や肺胞内部に付着した液体の表面張力による自己収縮力によるとされている。

Q4.21　呼息時にも胸腔内圧が陰圧となっているのはなぜか。

4.4.2 肺胞におけるガス交換

肺胞は薄い膜（肺胞膜）を介して毛細血管に接している。図4.10は肺胞におけるガス拡散の仕組みを示す。

毛細血管中のCO_2は肺胞膜を通って肺胞に移動し，肺胞のO_2は毛細血管に移動する（外呼吸）。

肺胞膜の両側には，分圧（＝濃度）が違うCO_2およびO_2がある。どちらのガスも，分圧の高い方から低い方へ自然に移動する（拡散という）。これがガス交換の基本的な駆動力となっている。

各ガスの拡散速度は，「肺胞膜の表面積A」，「分圧の差Δp」，「各ガスの血液への溶解度」に比例し，「肺胞膜の厚さD」に反比例する。比例定数は，各ガスの拡散しやすさ，溶けやすさを表す拡散係数k，溶解係数αである。

$$\text{ガス拡散速度} = k \times \alpha \times A \times (\Delta p / D)$$

▶「肺胞膜の表面積A」が減ったり「肺胞膜の厚さD」が厚くなったりすると，呼吸不全を起こす疾病につながる。

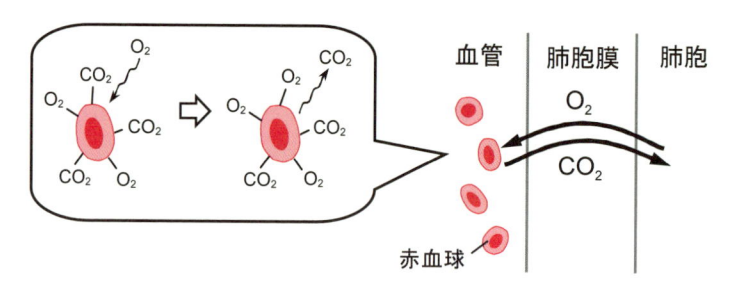

図4.10　肺胞におけるガス拡散の仕組み

4.5　注射筒への血液・薬液の採取，吸引

4.5.1　注射筒などへの血液・薬液の採取

（1）採　　血

採血管の針を静脈に穿刺し，注射筒の押し子を引き上げて注射筒内の容積を大きくするとボイルの法則により注射筒内部の圧力が下がる（陰圧になる）ので，静脈血が注射筒内に移動する。

（2）真空採血管

真空管採血管の中は陰圧になっている。一方，静脈血は陽圧なので，採血針を静脈に穿刺した後，採血管をホルダーの中に押し込むと，自然に規定量の静脈血が採血管に流入してくる仕組みになっている。

（3）バイアル

バイアル（vial）は，薬剤を分けて使ったり，固形注射剤に溶解液を加えて溶かしたり，複数の薬剤をバイアル内で混ぜ合わせたりする用途に適した，ゴム栓とアルミニウムなどのキャップをもつガラス容器である。

そのゴム栓に注射針を刺す際には，バイアルの中に薬剤と気体が入っ

ていること，その中に注射筒の中の液体を入れると体積が増加すること，密閉容器で内部の体積が増すと圧力が増加する（ボイルの法則）こと，をしっかり認識しておかないといろいろな失敗を招く。

失敗しないコツは，事前にバイアルの内圧を調整することである。具体的には，液体を入れるときは，それとほぼ同体積の空気をバイアル内から吸い出す（陰圧にする）。液体を吸いだすときは，それとほぼ同体積の空気をバイアル内に押し込む（陽圧にする）。

4.5.2 吸　　　引

胸腔内にたまった空気や液体（胸水，血液，など）を体外に吸引し排出する方法を胸腔ドレナージあるいは胸腔ドレインという。次のような思考実験をしてみよう。まず胸腔チューブの一端を胸腔に入れ，他端を大気中に開放したとする。この場合には空気が胸腔に吸引される。空気が胸腔内に逆流することは感染・汚染防止の観点から絶対に避けなければならない。

次に胸腔チューブの他端を水中に差し込んでみると，胸腔内圧は 5 cmH_2O 〜 15 cmH_2O の陰圧なので，水がチューブの中に吸い込まれてゆく。このときチューブの他端が水面よりも上に出るようだと空気が入る。そうならないようにするため水はチューブの内径よりも十分大きい内径の容器に入れておく。さらに胸腔と水面の落差を約 15 cm よりも十分大きく（実際には約 1 m）保つと，水はチューブ内を水面から 15 cm の高さまでしか上らないので水が胸腔に入ることはない。しかも空気の流入を防ぐことができる。これが「水封（water seal）」の原理である。

実際には，水ではなく滅菌液を用いる。また吸引管の先端は滅菌液の中に 3 cm ほど差し込まれている。この水封の深さが不十分だと汚れた空気が逆流するので，この深さの意味を理解しておきたい。胸腔内の空気や液体を持続的に吸引するには，吸引圧（陰圧）をつくる必要がある。それには，電動吸引ポンプを使う電動式ドレナージとポンプを使わずに重力（落差）を利用する重力式ドレナージがある。

電動式ドレナージ（図 4.11）では，胸腔（チェスト）ドレインユニットの一端をチューブで吸引アウトレット*につなぎ，もう一方の端をドレインチューブにより胸腔につなぐ。

吸引圧が過剰になると肺損傷などが起こるので，それを避けるために胸腔ドレインユニットには吸引圧調整部（または制御部）がある。

吸引圧調整部には水が入れてあり，吸引管の先端は水面から一定の深さまで差し込まれている。この深さは，胸腔内圧が −5 cmH_2O 〜 −15 cmH_2O なので約 15 cm にしている。

吸引圧が 15 cmH_2O 以上になると，空気が外から吸引圧調整部に入る（水中に気泡が発生）仕組みになっているので胸腔内圧が 15 cmH_2O 以

* 電動吸引システムにつながる，ベッド近くの接続口のこと。

上に上がることはない。つまり過剰陰圧を防ぐことができるのである。

吸引を行うと空気だけではなく液体も排出される。そこで，排液貯留部を設け，液体はそこにたまり，空気は吸引圧調整部にゆくようにしてある。

結局，胸腔（チェスト）ドレインユニットは，排液貯留部，水封部，吸引圧調整部から成り立っている。そこで，3連ボトル式胸腔吸引と呼ばれる。

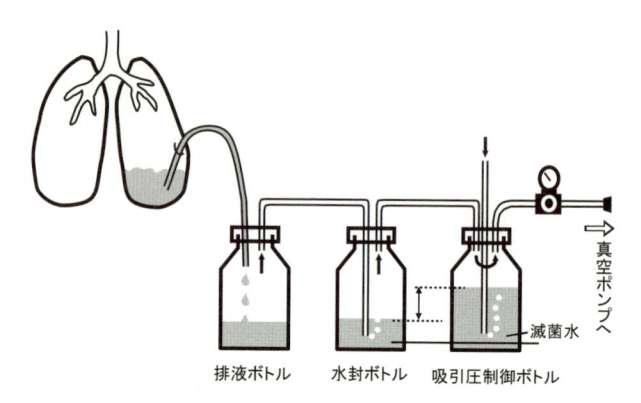

図4.11　3連ボトル式胸腔吸引の原理

4.6　点滴静脈注射，輸液ポンプ
4.6.1　点滴の原理と器具

点滴静脈注射の原理は，静脈圧に打ち勝って薬液を静脈内に導入するために薬液びんと静脈との間の落差（圧力差）を利用することである。図4.12は標準的な輸液セットを示す。

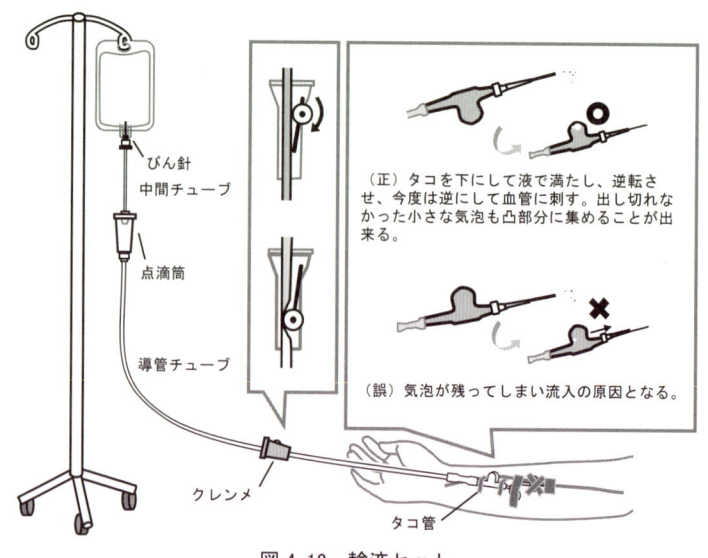

図4.12　輸液セット

4.6.2 輸液バッグ・ボトル

(1) 輸液バッグ

薬液が滴下して薬液量が減少するにつれてバッグがつぶれバッグ内の圧力が常に大気圧と等しく保たれるので，エア針を使う必要はない。

(2) 輸液ボトル（ガラス製，硬質プラスチック製）

薬液が滴下して薬液量が減少すると，ボトル内の空間容積が増える。その結果ボイルの法則 $pV=$ 一定にしたがってボトル内の圧力は陰圧になるので滴下速度が落ち，やがて止まる。そこでボトル内に外から空気を入れて陰圧にならないようにする必要がある。

1) エア針

ボトル内に外から空気を入れるために使用するのがエア針である。エア針にはフィルターがついている。空気中のちりや細菌を薬液に入れないようにするためである。フィルターは濡らさないよう注意する。

2) ガラス製ボトルを使用する理由

薬液（例：アミノ酸製剤）が空気中の酸素によって変質することを防ぐため，空気を通さないガラス製ボトル*がよく使用された。

酸素バリア包装（プラスチックソフトバッグにさらにもう1枚プラスチックフィルムを被せる）したバッグが開発されたので，ガラス製ボトルを使用する機会が減った。

*1 例 アミノ酸製剤は酸素による酸化で変質する。そのためガラス製ボトルを使用した頃には内部の空気を窒素で置換したこともあった。

4.6.3 流量調節とポアズイユの法則

薬液の点滴速度や点滴所要時間の設定は重要である。

(1) クレンメ

クレンメ（図4.12）のローラーを操作してチューブの断面積を変えることにより，輸液の滴下速度（流量）を調節することができる。これはポアズイユの法則の応用である。

Q4.22 クレンメを操作してチューブを押しつぶすと流量は減るのはなぜか。

▶ **クレンメ**
▶ チューブを押しつぶすと液体が通る断面積は減る。これはチューブを細いものに替えたのと同じこと。

(2) 点滴ボトルの高さ

前腕の静脈圧を12 mmHg*2，血液の密度を1.06 g/mLとする。点滴静脈注射の輸液ボトルの高さを何cmにすればよいのだろうか。静脈圧が12 mmHgということは水銀柱の高さが1.2 cmであることを意味する。この水銀柱の質量に等しい静脈血柱の高さを h cm とすると，質量＝体積×密度なので，$(1.2\,\mathrm{cm}\times 1\,\mathrm{cm}^{-2})\times(13.6\,\mathrm{g/cm^3}) = (h\,\mathrm{cm}\times 1\,\mathrm{cm}^{-2})\times(1.06\,\mathrm{g/cm^3})$ よって $h=15.4$ cm となる。

Q4.23 輸液ボトルが空になったまま放置すると静脈内に空気が入るだろうか。

*2 上大静脈圧は5 mmHgである。その場合には，上大静脈血柱の高さは $5\times 13.6/1.06 = 64$ mm 静脈血柱となる。

▶ 輸液ボトルの高さは，計算上は15.4 cmほどであるが，実際には安全を考えて60〜80 cm H_2O にする。横引きチューブが長い場合，そこで流れの抵抗が増すので，輸液ボトルの高さはより大きくする。

4.6.4 輸液ポンプ，シリンジポンプ

点滴静脈注射では薬液を静脈に入れる駆動力として重力を利用するので輸液ボトルの位置をある高さ以上に保つ必要がある。しかし輸液ポンプを利用する静脈注射では，このような落差を必要としない。

(1) 輸液ポンプ

フィンガー方式とローラー方式が主に使われている。流量の正確さをあまり必要としない点滴に用いられる。

1) ローラー方式

薬液で満たされた，弾力性のあるチューブの一部を，回転するローラーが押しつぶし，そのまま回転することによってチューブ内部の薬液を前に押し出す。ローラーで押しつぶされた部分は復元力によって元の形に戻る。そのときチューブ内部は陰圧になるので薬液がそこに吸引される。チューブポンプはこの一連の動作を連続的に行うことで吸引・吐出を行う。流量は，ローラーの回転数とチューブの断面積によって決まる。

2) フィンガー方式

薬液で満たされた，弾力性のあるチューブを，フィンガー部の端のフィンガーが押しつぶして薬液を前に送り出す。その部分を隣のフィンガーがチューブ越しに押しつぶしてその薬液をさらに前へ送り出す。この間に，つぶされていたチューブは復元し，そのとき生じた陰圧で薬液が吸い込まれる。このような一連の動きが繰り返されて薬液の吸引・吐出が行われる。

チューブの同じ部分を長時間使用していると，チューブの復元力が低下し，流量に誤差を生じるので，24 時間ごとに 15 cm 程度チューブの位置をずらすようにする。

(2) シリンジポンプ

シリンジの外筒を固定し，押し子を一定速度で押すことにより薬液を注入する装置で，微量でも効果の高い薬液を高精度で注入するときに用いる。サイフォニング現象に注意する必要がある。

4.7　血液循環，血圧

4.7.1 血液の循環

血液の循環には，ラプラスの法則，ポワズイユの法則，ベルヌーイの法則，レイノルズ数などが関係している。

(1) 血液循環の役割とその推進力

　血液循環の役割は，O_2 と CO_2 のガス交換，栄養分と老廃物の交換，体熱の運搬などである。

血液循環の推進力は血液の圧力差であり，この圧力差をつくるのが心臓の役目である。

(2) 血管の張力，心室の収縮力

1) 血管の張力

血管内の圧が増すと，血管が脹らみ管壁は円周方向に引き伸ばす力を受ける。それでも血管が破れないのは，引き伸ばす力に対抗する力を血管壁がもっているからである。その抗力が張力である。張力は，血管壁の内外の圧力差と血管の半径 r に比例する（ラプラスの法則）。

血管壁の張力には，管壁の厚さや管壁中の弾性線維，膠原線維，活性平滑筋線維の量が関係する。

毛細血管は，管内外との物質交換をする必要があるのでその血管膜は非常に薄い。それに応じて，膜の張力 T は小さいので，血圧 P に耐えられるか心配になる。ラプラスの法則 $T = aPr$ は，r が十分小さければ T が小さくても血圧 P に耐えられることを示す。事実，毛細血管の半径 r は小さいので血管膜は非常に薄くても破れない。

2) 心室の収縮力

ラプラスの法則 $T = aPr$ は心室に当てはめてみよう。r は心室の大きさを反映し，P は心室内圧を，T は心室の壁の収縮力を表すと考えると，心室内圧 P が同じ場合，心室が大きいほど（r が大きいほど）心室壁の収縮力 T は大きくなければならないことがわかる。これは心臓の負担が増すことを意味する。

(3) 静脈血の帰還

静脈は，筋の小さな収縮，胸腔内の小さい圧変化に対応して収縮できる。

1) 静脈弁，筋肉ポンプ

静脈には弁があるので，静脈の弛緩時には静脈内が陰圧になる。その結果，新たな血液がそこに入る。

このような静脈の収縮・弛緩の繰り返し（筋肉ポンプ）は，心臓のポンプ作用と同じで，静脈血を心臓の方へ押し出す働きをする（図4.13）。この作用をミルキングアクション（milking action）という。もし静脈にこのような作用がなかったら，血液は末端にたまり，大脳への血流量が減るので，立ち上がったときなどに気を失うことになる。

▶静脈弁，筋肉ポンプの働きは，給油ポンプの原理に似ている。

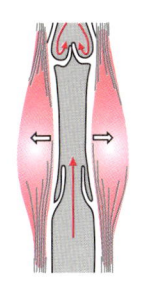

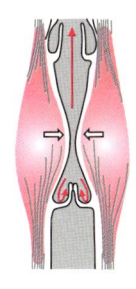

図4.13 静脈弁，筋肉ポンプ

2) 静脈瘤

静脈弁が壊れ，静脈血の心臓方向への移動が不完全になることがある。これを静脈瘤という。

> 静脈弁
> ▶心臓より高い部位の静脈には弁がない。
> ▶灯油ポンプの仕組みを参考にすること。

Q4.24 心臓より低い部位の静脈血には重力によって下向きの力が働く。それにもかかわらず静脈血が心臓に戻れるのはなぜか。

4.7.2 血　圧
(1) 血圧とは

心臓から末端の動脈へと続く血管は次第に細くなっていく（図4.14）。そして血液の圧力（血圧）も次第に下がっていく。血圧が次第に下がるのは，血管が次第に細くなるため流れに対する抵抗が次第に増えるからである。心臓は，この抵抗に打ち勝つため，鼓動を強くして血圧を高くしようとする。

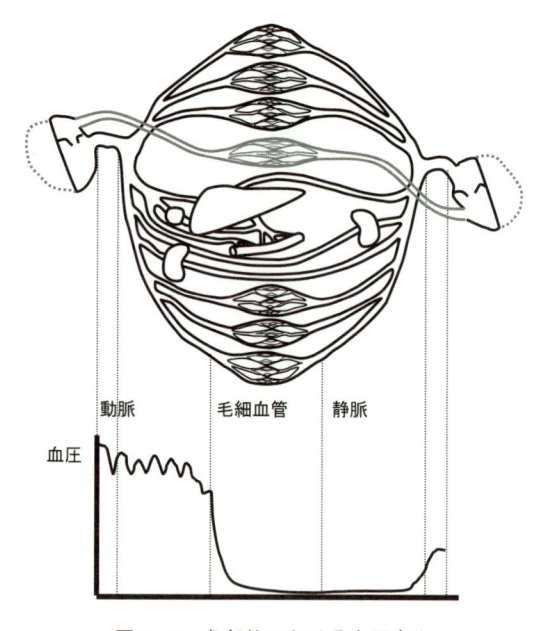

図4.14　各部位における血圧変化

> ▶心室は血液を加圧して動脈へ送り出すところであり，血液の圧力は高い。したがって心室の壁は厚い。
>
> ▶逆立ちすると頭が充血するのがわかる。これは重力の効果である。

Q4.25 血管の内径と血流抵抗の関係をポワズイユの法則で説明せよ。
Q4.26 心房と心室ではどちらが血液の圧力が高いか。
Q4.27 肺動脈の血圧は大動脈の血圧より低いのはなぜか？
Q4.28 無重力状態になると血液循環はどのように変化するか。

(2) 血圧のいろいろな表し方

心臓が収縮して血液を送り出すときの血圧を最高血圧，拡張して元に戻るときの血圧を最低血圧という。

脈圧 ＝ 最高血圧－最低血圧

平均血圧 ＝（脈圧／3）＋最低血圧

(3) 血流抵抗，血流量

血管内の血液の流れは，心臓の近くを除いて通常，層流である。この場合の血流量（血液の体積流量）はポアズイユの法則で求められる。

ポアズイユの法則 $F = \Delta V/\Delta t = \pi r^4 (p_1-p_2)/8\eta L$ によれば，血流量 F は圧力差 p（$= p_1-p_2$）に比例する。

圧力差 p が小さくなり，血流抵抗が増加すると，血流量は急激に減少する。また血流抵抗は血管の半径 r の4乗に反比例するので，血管の内径が少しでも細くなると血流抵抗は著しく増加する。

Q4.29 心臓から出た血液の圧力は高いが，末端の動脈にいくにつれて圧力が下がるのはなぜか。

〈血管径，血流抵抗，血圧〉

Q4.30 圧力が高い血液は圧力が低い血液よりも多くの力学的エネルギーを持っている。末梢にいくに従って圧力が下がることは，この力学的エネルギーが失われることを意味する。失われた力学的エネルギーはどうなるか。

〈血流のエネルギーと体温〉

Q4.31 体熱が蓄積した場合，血流量が増えて熱放出が活発になる仕組みを説明せよ。

1）血流量の減少とその影響

血管の内壁にコレステロールが固着するとその部分の血管の内径は小さくなる。そうなると血流抵抗が増し，血流量が減る。そこで心臓は，必要な血流量を確保するために，鼓動を強くして血圧を上げようとする。このような状態が続くと心臓の肥大，老化などが起こる。

心臓が収縮し，血液が高い圧力で多量に流れるとき，通常は血管が膨らみ一時的に高くなった血圧を緩和する。しかし動脈が硬化し（動脈硬化），血管が弾力性を失うと，高くなった血圧を緩和できないので高い圧力が衝撃的に血管内を伝播していくことになる。

動脈の内径の減少は，交感神経の血管収縮神経が緊張したときにも起こる。例えば，① 寒いとき（体温の低下を防ぐため）② 出血したとき（出血を防ぐため）血管が収縮し毛細血管入り口の血圧がさがり，毛細血管の血流量が減る。

打撲や出血の箇所を冷やすのは血管収縮を期待したものである。

2）血流計

超音波血流計や電磁血流計がある。一般的な超音波血流計の原理は次の通りである。一定の周波数の超音波を血流にあて赤血球からの反射する超音波を検出し，周波数の情報を解析して血流速度を測定する。反射波の周波数は，ドップラー効果により血流速度（＝赤血球の移動速度）に比例して変化する。カラー血流画像では，探触子に近づく赤血球が赤で，遠ざかるものが青で表示され，さらに乱流は緑で表示される。

3) 血流速度と流れの状態

血液の流れは,ほとんどの場所で層流であるため血管音は聞こえない。しかし,動脈に狭窄があったりしてそこの流速が大きくなって臨界速度（critical velocity）を超えると乱流となり,血管音を発生する。

層流から乱流に変わる臨界速度に対応する臨界レイノルズ数は大動脈では約2,300であり,大動脈＞大静脈＞動脈＞静脈＞毛細血管の順に小さくなる。

血流が乱流になると血管壁を傷害する一因ともなり,脂質や血小板を沈着させ,血栓をできやすくする。そして血栓は血流に乗って流れ,脳や心臓,腎臓の動脈に詰まり,詰まった血管の周囲の組織を壊死させる。

医療には無縁そうに思えるレイノルズ数だが,実は身近な存在であり,しかも重要である。

(4) 血流・血圧とベルヌーイの定理

ベルヌーイの定理の式　$(1/2)\rho v^2 + \rho g h + p = $ 一定　を血液に適用する場合には,ρ は血液の密度,v は血液の流速,g は重力加速度,h は基準面から血圧測定部位までの高さ,p は静圧（＝側圧）と考える。

Q4.4の解答で述べるように,ベルヌーイの定理の式を管内の2点,1および2にあてはめると（図4.3）,

$$(1/2)\rho v_1^2 + \rho g h_1 + p_1 = (1/2)\rho v_2^2 + \rho g h_2 + p_2 = 一定$$

血圧測定部位を心臓と同じ高さにすると,$h_1 ≒ h_2$ となるので,

$$(1/2)\rho v_1^2 + p_1 = (1/2)\rho v_2^2 + p_2 = 一定$$

マンシェットに圧力を加えて血流を止めると v_1 および v_2 がゼロとなるので,

$$p_1 = p_2 = 一定$$

右辺は全圧（測定される血圧）に等しいので,静圧＝側圧＝血圧となる。このように血流を止め心臓の高さで血圧を測定する方法は通常行われている。したがって,測定される血圧は側圧である。

4.7.3 血圧の測定方法

血圧測定の結果は血液循環系についての情報を与えてくれる。

(1) 血圧測定の種類

血圧の測定方法には,流れに向かって開口したカテーテルを血管に挿入して測定する「観血式」と上腕などにカフ（マンシェット）を巻いて測定する「非観血式」とがある。

観血式で,カテーテル先端部を血流方向に向けた場合には,動圧＋側圧＝全圧が得られる。観血式では,圧力トランスデューサを先端に付けたカテーテルを心臓や血管に直接差し込んで測定する。この方法では連続的に血圧を測定できる。

非観血式では,血流に対して直角の方向から皮膚を介して圧力を測る。

▶外来や病棟などで広く使われている測定方法は「非観血式」なので,特にことわらない限り,血圧＝側圧である。

この圧力は側圧である。側圧を血圧とする理由は 4.7.2(4) に述べた。

(2) 水銀血圧計による血圧測定

水銀血圧計による血圧測定は非観血式血圧測定方法の代表例である。

1) 血圧測定の原理

マンシェット（拍帯）内に空気を送り込んで膨張させ，血管を強く圧迫して血流を止める。この状態から圧を下げていくと，最高血圧よりもマンシェットの圧が低くなった瞬間，血液が流れる。このときは，血液が閉じていた動脈を押し広げながら流れるため，乱流となり血管音を発生する。この時点の圧が最高血圧である。続けて圧を下げていくと，動脈圧がマンシェットの圧よりも高くなったときだけ血液が流れるという状態が繰り返されるため血管音が発生し続ける。さらに圧を下げていくと，動脈圧がマンシェットの圧を上回るようになり，血流は層流となるので血管音が発生しなくなる。この時点の圧が最低血圧である。

水銀血圧計で測定される血圧は，U字管の左右に入れた水銀の高さの差である。U字管の一方は大気圧，他方はマンシェットに連結されているので大気圧との差圧を測定することになる。真の血圧は大気圧＋差圧である。

2) 血圧の測定値と静水圧の関係

人の血管を1本のチューブに見立て，姿勢と血圧の関係を考える。チューブが水平に置かれている場合にはチューブ内の静水圧はどの点でもほぼ同じである。しかしチューブを垂直に下げると，チューブ内の静水圧は上部から下部へと静水圧が高くなる。これは静水圧が重力に影響されるためである。

血圧は，仰臥位ではどの部分でも同程度であるが，立位では下部ほど高くなる。したがって血圧（動脈圧）は心臓と同じ高さで測定すべきである。

4.8　健康・医療と流体

4.8.1　治療に用いる機器・器具：吸入器

水や薬液をエアロゾルに変え，それを気道や肺などの目的部位に届けるために用いる吸入器具をネブライザー（nebulizer）という。ジェット式（コンプレッサ式）と，超音波式，メッシュ式の3つのタイプがある。

ジェットネブライザーの原理は，霧吹き（4.1.6 ベルヌーイの定理の応用）と同じである。

超音波式では，超音波振動により薬剤を液滴化し送風機で噴霧する。メッシュ式は，超音波方式を改良した方式（液滴の直径を制御）である。

4.8.2　水治療法

水治療法（Hydrotherapy）は温熱効果，機械的効果（マッサージ），

物理的効果（浮力，水圧，流体抵抗など），そして化学的効果（薬浴の場合）を期待した治療法であり，全身浴（運動プール浴やハバードタンクなど）と部分浴（渦流浴や気泡沸騰浴など）に分けられる。

(1) 温浴療法用装置

全身を入浴させる全身浴装置と，四肢の温浴に使用する四肢浴装置がある。四肢浴装置には，上肢専用の上肢浴装置，下肢専用の下肢浴装置，上下肢専用の上下肢浴装置がある。

これらの温浴装置では，湯の中で気泡を発生する気泡浴装置と，渦流（噴流）を発生する渦流（噴流）浴装置がある。気泡浴装置は，温浴による温熱効果と，湯の中で発生させた気泡による圧刺激，気泡が破壊するときに生じる超音波刺激などが相乗的に作用するといわれている。渦流浴装置では，温浴による温熱効果と，渦流による圧刺激が得られる。

(2)「水」を利用した訓練

プールの中で，水の浮力を利用して関節の負担を少なくしながら「歩く練習」や水の抵抗を利用した「筋力訓練」を行う。また，温水・過流を利用して関節を動かしやすくしたり，痛みを和らげたりすることも目的となる。

(3) 流体を利用したマッサージ

1）水圧式マッサージ

ラバーマットの下から噴き上げる水流で全身をマッサージする。刺激の素材に「水」を利用しているため，柔らかくそして力強い刺激感と水に浮いたような感覚を得られるのが特徴。水を浸した層から吹き上げるウォーターベッド方式と直接吹き上げるダイレクトジェット方式の2種類がある。

2）空圧式マッサージ

カフに加圧，除圧を繰り返すことにより，筋運動（収縮，弛緩）と同じような作用を起こさせ，血行促進，疲労回復，筋肉の疲れ，こりをほぐすマッサージ効果や，乳がん手術後の上肢の浮腫，子宮ガンの手術に伴う原発性のリンパ浮腫や，下肢の続発性浮腫，外傷，骨折に合併する四肢の浮腫を改善させる。また冷え，痺れ感等の諸症状を軽減することができる。

加圧の最高値は，人体の静脈圧力（80～90 mHg）以下に設定する必要がある。これ以上の圧力をかけると（特に遠心性の）血流を阻害する恐れがある。

(4) 深部静脈血栓症の予防と空圧式マッサージ

下肢の静脈血は下肢の筋肉ポンプ作用によって心臓へ還流している。しかし，長時間下肢の筋活動を行わないでいると筋肉ポンプ作用がはたらかないので，下肢静脈に血栓ができやすくなり，いわゆる深部静脈血栓症（Deep Venous Thrombosis，DVT）を発症することがある。

血栓がある状態で急に下肢の筋活動を行うと，その血栓が肺に運ばれ，肺動脈を塞栓することがある。これが肺塞栓症である。

DVTの予防には，手術中や術後すぐから，DVT予防専用の空圧式マッサージ器などを用いて，下肢静脈の血流還流を促進する必要がある。

(5) ローラー式マッサージ

ローラー式マッサージには，体液循環効果（＝ポンピング効果）や，牽引効果があるとされている。

解　答

Q4.1 流体が太い管（半径 r_1）を線速度 v_1 (m/s) で通りぬけ，細い管（半径 r_2）を線速度 v_2 (m/s) で通りぬけるとき流体の体積速度 V (m³/s) は，$V = [(\pi r_1^2) \times v_1] = [(\pi r_2^2) \times v_2]$ ゆえに $v_2 = v_1 \ (r_1/r_2)^2$．題意より $r_1 > r_2$ なので $v_2 > v_1$ となる．

Q4.2 図4.2を見ながら考えてみよう．管壁と直に接触する流体は静止している管壁から，その流れを妨げる方向に摩擦力（R_1 とする）を受ける．この摩擦力は最も大きいので管壁と直に接する流体の層の流速（F_1 とする）は最も小さい．次にその流体の層（L_1 とする）は，それと接する流体の層（L_2 とする）に摩擦力（R_2 とする）を及ぼすが，R_2 は R_1 よりずっと小さい．したがって L_2 の流速 F_2 は F_1 よりもずっと大きい．このようなことが次々に繰り返されていくと，管軸における流速は管壁からの影響を最も受けにくいので最大になる．同じような現象が反対側の管壁から管軸に向かって起こる．その結果，流速に比例する矢印の長さの分布は放物線状になる．

Q4.3 赤血球があるかないかの違いである（表4.1を参照）．

Q4.4 ベルヌーイの定理の式を管内の2点，1および2にあてはめると，
$(1/2)\rho v_1^2 + \rho g h_1 + p_1 = (1/2)\rho v_2^2 + \rho g h_2 + p_2$
高さ h が同じ，すなわち $h_1 = h_2$ の場合，
$(1/2)\rho v_1^2 + p_1 = (1/2)\rho v_2^2 + p_2$
$(1/2)\rho v_1^2 - (1/2)\rho v_2^2 = p_2 - p_1$
ここで $v_1 > v_2$ とすると $p_2 - p_1 > 0$ ∴ $p_2 > p_1$
このことは流速が大きい点1の流体内部の圧力 p_1 は小さいことを示す．

Q4.5 ベルヌーイの定理の式を管内の2点，1および2にあてはめると，
$(1/2)\rho v_1^2 + \rho g h_1 + p_1 = (1/2)\rho v_2^2 + \rho g h_2 + p_2$
流速 v がゼロの場合
$\rho g h_1 + p_1 = \rho g h_2 + p_2$
$\rho g h_1 - \rho g h_2 = p_2 - p_1$
ここで $h_1 > h_2$ とすると $p_2 - p_1 > 0$ ∴ $p_2 > p_1$
このことは高さ h が大きい点1の圧力 p_1 は小さいことを示す．

Q4.6 ベルヌーイの定理 $(1/2)\rho v^2 + \rho g h + p = $ 一定 を血管の断面積が普通のところ（添え字1）と断面積が小さくなったところ（添え字2）に適用すると，$(1/2)\rho v_1^2 + \rho g h_1 + p_1 = (1/2)\rho v_2^2 + \rho g h_2 + p_2$ 題意より両辺の第2項は等しいので $(1/2)\rho v_1^2 + p_1 = (1/2)\rho v_2^2 + p_2$ となる．$(1/2)\rho v_1^2 - (1/2)\rho v_2^2 = p_2 - p_1$ 断面積が小さくなったところでは流れに対する抵抗が増し流速が落ちるので $v_1 > v_2$ となる．よって $(1/2)\rho v_1^2 - (1/2)\rho v_2^2 = p_2 - p_1$ において　左辺 > 0．したがって右辺 > 0 つまり $p_2 - p_1 > 0$ となる．これは p_2（血栓ありの血管の血圧）が p_1（血栓なしの血管の血圧）よりも大きいことを意味する．

Q4.7 ベルヌーイの定理より，流体内部の圧力は，流体（シャワーの水流）の速さが大きくなるにつれて流体内部の圧力は低くなる．その結果，シャワーの水流の周囲の空気の圧力が低くなる．その圧力がシャワーカーテンの外側（浴槽の反対側）の圧力よりも低くなるので，シャワーカーテンは浴槽側になびくことになる．

Q4.8 $\Delta V/\Delta t = \pi(p_1 - p_2)R^4/8L\eta$ より，$\Delta t = \Delta V / [\pi(p_1 - p_2)R^4/8L\eta]$ において，変化するのは R だけ．針の長さはもとのものと同じなので L は同じ，ピストンを押す力に関係する $(p_1 - p_2)$，薬液の量 ΔV，薬液の種類に関係する η も同じだからである．そうすると Δt（半分）は，
Δt（半分）$= \Delta V / [\pi(p_1 - p_2)R(半分)^4/8L\eta]$
この式をもとの式と連立させて解くと
Δt（半分）$/\Delta t = [R(半分)/R]^4 = [1/2]^4 = 1/16$

Q4.9 $pV = $ 一定なので，$p_i \times V_i = p_f \times V_f$．この式に $p_i = 1$ atm, $V_i = 1.0$ L, $V_f = 2.0$ L を代入すると，$p_f = 0.5$ atm となる．

Q4.10 酸素分圧 $= 760$ mmHg $\times 0.209 = 159$ mmHg，窒素分圧 $= 760$ mmHg $\times 0.709 = 539$ mmHg

Q4.11 気管内の空気から水蒸気を除いた全圧は，$(760 - 47)$ mmHg である．酸素分圧 $= (760 - 47)$ mmHg $\times 0.209 = 149$ mmHg，窒素分圧 $= (760 - 47)$ mmHg $\times 0.709 = 506$ mmHg

Q4.12 大気圧（1気圧）が 76.0 cm の水銀柱の圧力に等しい事実を利用して大気圧を計算してみる．水銀の密度は 13.6 g/cm³．
圧力 $=$ （力）/（面積）$= [$（質量）$\times$（重力加速度）$]/$（面積）
$= [$（体積）$\times$（密度）$\times$（重力加速度）$]/$（面積）
$= [(1 \text{ cm}^2 \times 76 \text{ cm}) \times 13.6 \text{ gcm}^{-3}] \times$（重力加速度）$/ 1 \text{ cm}^2$
$= 1,034$ g 重 cm^{-2} ≒ 1 kg 重 cm^{-2}
力（$=$ 重量）$=$ （圧力）$\times$（面積）$= (1$ kg 重 cm$^{-2}) \times (1$ cm$^2) = 1$ kg 重．すなわち 1 気圧の空気の重量は 1 kg 重である．

Q4.13 高さが 76.0 cm，底面積が 1 cm² の水銀柱の重量は，

(体積)×(密度)×(重力加速度) =(底面積×高さ)×(密度)×(重力加速度) =(1 cm²×76 cm)×(13.6 gcm⁻³)×(重力加速度)
= 1,034 g×(重力加速度)
題意よりこの重量は，高さが h cm, 底面積が 1 cm² の水柱の重量に等しい。
水柱の重量 = (底面積×高さ)×(密度)×(重力加速度)
= (1 cm²×h cm)×(1 gcm⁻³)×(重力加速度) = h g×(重力加速度)
h g×(重力加速度) = 1,034 g×(重力加速度) より
∴ h = 1,034 cm ≒ 10 m
つまり 1 気圧 = 76.0 cmHg = 10 mH₂O

Q4.14 水深 h m の圧力 p は，高さが h m で底面積が 1 m² の体積の水の重量に大気圧 p_0 を足したものに等しい。
水の重量 =(水の体積)×(水の密度)×(重力加速度) = $(h \text{ m} \times 1 \text{ m}^2) \times \rho \times g = \rho g h$
∴ $p = p_0 + h \text{ m} \times 1 \text{ m}^2 \times \rho \times g = p_0 + \rho g h$

Q4.15 $p - p_0 = \rho g h$ = (1,000 kgm⁻³)×(9.80 ms⁻²)×(10 m) = 9.8×10⁴ kgm s⁻²/m⁻² = 9.8×10⁴ N/m⁻²

Q4.16 連続の式 $A_1 v_1 = A_2 v_2$ より $v_2 = (A_1/A_2) v_1$
ここで $A_1 > A_2$ とすると，$(A_1/A_2) > 1$ つまり v_2 は v_1 の (A_1/A_2) 倍。

Q4.17 連続の式 $A_1 v_1 = A_2 v_2$ より $v_2 = (A_1/A_2) v_1$
ここで $A_2 = (1/2) A_1$ とすると，$v_2 = (A_1/A_2) v_1 = (2A_2/A_2) v_1 = 2 v_1$ 血管の断面積が半分になったところの流速は 2 倍になる。

Q4.18 連続の式 $A_1 v_1 = A_2 v_2$ より $v_2 = (A_1/A_2) v_1$
$A_1/A_2 = [(\pi r_1^2)/(\pi r_2^2)] = (r_1/r_2)^2 = (2 r_2/r_2)^2 = 4$
$v_2 = 4 v_1$ すなわち血液が流れる速度は元の 4 倍になる。

Q4.19 連続の式 $A_1 v_1 = A_2 v_2$ より $v_2 = (A_1/A_2) v_1$ この場合，分岐管をつないで流体の流れを 2 つに分けることは，断面積を 2 倍に増やすことを意味する。つまり $A_1/A_2 = 1/2$ $v_2 = (A_1/A_2) v_1 = (1/2) v_1$ つまり速度は元の半分になる*。

* 分岐管をつなぐことは，内径が 2 倍の太い管を 1 本つないだのと同じことになる。

Q4.20 1 気圧は 10 m の水柱の圧力（10 mH₂O）に等しいからである。

Q4.21 肺胞が上記の自己収縮力によってつぶれる（肺胞の体積がゼロになる）ことを防ぐため，肺胞の外側を肺胞内よりも陰圧にすることにより，肺胞の体積を一定の値に保っている。ボイルの法則 $pV = $ 一定 を利用している。

Q4.22 チューブを押しつぶすと液体が通る断面積は減る。その結果，流れに対する抵抗が増す。そうなるとポアズイユの法則より，体積流量 =（圧力差）÷（抵抗）となるので流量は減る（圧力差が同じだとする）。

Q4.23 空気が入ることはない。注射部位から約 15 cm 上で，チューブ内の液面は必ず止まる。

Q4.24 静脈血管の中にはいくつもの薄い膜性の組織弁（静脈弁という）があり，これらの弁の働き（図 4.13 を参照）によって，血液が心臓の方向にだけ押し出されるようになっている。

Q4.25 ポワズイユの法則 $\Delta p = (8\eta L/\pi r^4) \cdot F$（$\eta$：液体の粘性，$r$：管の半径，$L$：管の長さ）は，オームの法則 電圧（電位差）=（電気抵抗 R）×（電流 I）と対比させることができる。つまり抵抗が $(8\eta L/\pi r^4)$ である。流量 F が一定の場合，2 点間の圧力差 p（血圧に相当する）は，管径（血管の内径）の 4 乗に反比例することがわかる。つまり管径（血管の内径）が大きいときには，2 点間の圧力差 p は小さい。逆に管径（血管の内径）が小さくなると，2 点間の圧力差 p は大きくなる。言い換えると，太い血管では血圧の減少は小さいが，細い血管では血圧の減少が大きい。しかもその減少率は内径の 4 乗に反比例するので血管が細くなるとともに血圧は急激に減少することになる。

Q4.26 心房は静脈から流れ込む血液の一時的貯蔵の場で血液の圧力は低い。したがって心房の壁は薄くても済む。

Q4.27 大動脈は心臓よりも高い位置にある脳に，重力に抗して血液を送る必要がある。一方，肺動脈は肺の毛細血管に血液を送るだけでよく，血圧が高すぎると毛細血管が破れる。

Q4.28 重力があるところでは血液は下方に引っ張られているが，無重力状態になると血液を下方に引っ張る力（＝重力）が働かない。無重力状態になっているときに，重力があるときのように心臓が拍動すると多量の血液が頭部に送られる。その結果，頭部の血圧が高くなるので，宇宙酔いになったり，顔が膨らんだりする（ムーンフェースという）。

Q4.29 大動脈，動脈，細動脈，毛細血管の順に血管の半径 r は小さくなるので血流への抵抗 R が増すからである。半径 r と抵抗 R の関係は，ポアズイユの法則 $\Delta p = (8\eta L/\pi r^4) \cdot F$ より，$R = 8\eta L/\pi r^4$ である。抵抗 R は半径 r の 4 乗に反比例するので，半径 r が小さくなると抵抗 R は急激に増大することがわかる。結局，血圧（≒圧力差 Δp）は，血流量 F が一定のとき，血流抵抗が大きくなるとともに小さくなるのである。

Q4.30 熱エネルギーになる。運動エネルギーが熱エネルギーに変わるからである。このため血液循環が活発になると体温が上がる。

Q4.31 体熱が蓄積した場合，神経の緊張が弱まって血管が広がる。すると毛細血管入り口での血圧が上がり，毛細血管の血流量が増す。

5 音・光と医療

この章では，まず音および光の共通点である波あるいは波動の基本的性質について説明する。続いて音については音波と聴覚，超音波と医療への応用を説明し，光については光と視覚，光の屈折と光ファイバー応用機器，レーザーと医療への応用，光線療法などについて説明する。

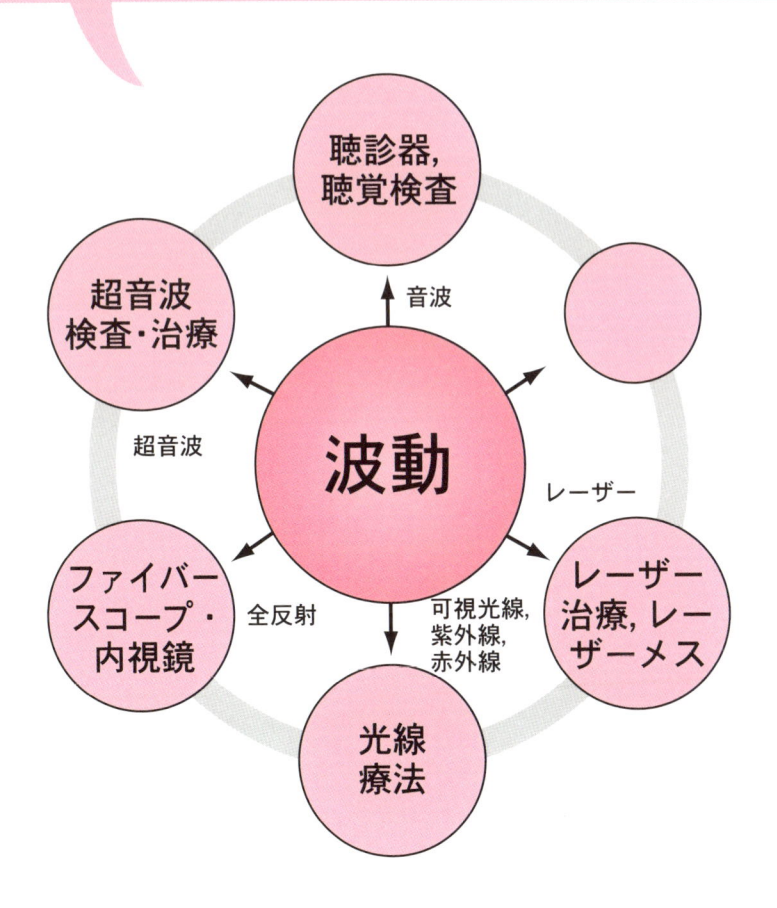

- 聴診器, 聴覚検査
- 超音波検査・治療
- ファイバースコープ・内視鏡
- 光線療法
- レーザー治療, レーザーメス

波動

音波／超音波／全反射／可視光線, 紫外線, 赤外線／レーザー

5.1 波

5.1.1 波の伝達

(1) 横波と縦波

バネの動かし方を変えると，図5.1のように，2通りの振動をさせることができる。1つは山と谷が繰り返される波（横波），もう1つは山と谷がなくバネの疎（伸びた部分）と密（縮んだ部分）が繰り返される波（縦波）である。

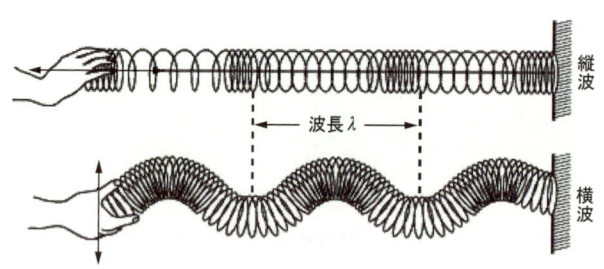

図5.1 横波と縦波の違い
日本アクティブキャリア開発，「波動」

Q5.1 波が伝わる仕組みは水と空気とで違う。どう違うか。

(2) 媒質が必要な波

波を伝える役目をしている物質（上の例では水，空気）を媒質あるいは媒体（medium）という。

例えば海の波では水が，音波では空気などが媒質となっている。

(3) 媒質が不要な波

電磁波（電波，赤外線，可視光線，紫外線，X線など）も波であるが，これらの波は，音波などと違って，媒質がなくても伝わる。なお，電磁波は横波である。

Q5.2 音波は真空中を伝わるか。

(4) 波の基本用語と公式

1) 波の基本用語

波に関する基本用語は，波長，波高，振幅，振動数（＝1秒間に繰り返される波の数），速さ（＝注目している波頭が1秒間に動く距離）である。図5.2は，速さ以外の基本用語を示したもので，縦軸は媒質の変位，横軸は波の進行方向を表す。

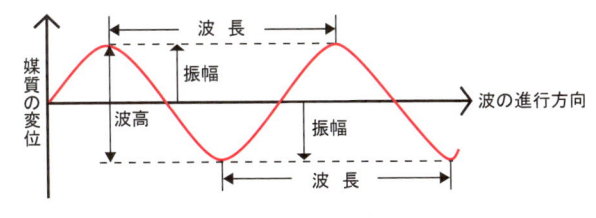

図 5.2 波の基本用語

2）波の公式

波の波長 λ，振動数 f，速さ v の間には次の関係がある。

　　速さ ＝（振動数）×（波長）　　　　$v = f\lambda$

(5) 波のエネルギー

池に木片を落とすと波ができる。この波はしだいに岸のほうに広がっていく（進んでいく）。このとき，水面の上下運動すなわち振動が伝えられる。これはエネルギーが伝わることを意味する。

一般に流体は，波によってエネルギーを運ぶことができる。

5.1.2 波の性質

波は，反射，屈折，回折，干渉，共振，ドップラー効果などの性質を持っている。

(1) 反射，乱反射

反射とは，なめらかな表面をもつ物体にぶつかって，すべての波がもと来た方向に戻ることである（すべての波が同じ方向に戻る）。

粗い表面（光の波長に比べてずっと大きい凹凸をもつ表面）をもつ物体にぶつかると，波はいろいろな方向に反射される。これを乱反射という。

(2) 屈　　折

波の速さは，波が伝わる媒質によって異なる。波がある媒質から別の媒質に進むときには，波の速さが異なるので，まっすぐに進まずに折れ曲がる。これを屈折という。詳細は音波，光波のところで説明する。

(3) 回　　折

波が障害物の端を通過するときに，障害物の後ろ側に回り込む現象を回折という。

(4) 干　　渉

複数の波が重なり合って強め合ったり弱め合ったりする現象を波の干渉という。

(5) 共振（共鳴）

あらゆる物体は，その物体に固有な振動しやすい振動数（固有振動数という）をもっている。固有振動数が同じ音叉を二つ並べて一方だけを鳴らすと他方も鳴りはじめる。このように，外部（例　最初に鳴らした

音叉）からある物体（例 後で鳴った音叉）にその固有振動数と等しい振動が加えられたとき，物体（例 後で鳴った音叉）の振幅が急に大きくなる（急に鳴りはじめる）現象を共鳴（電気振動の場合は共振）という。

(6) ドップラー効果

救急車のサイレンの音は同じでも，止まっている観測者に救急車（音源）が近づくときは高い音（ピーポピーポ）に聞こえ，救急車が遠ざかるときには低い音（パーポパーポ）に聞こえる。このように観測者と音源の相対的な速度の違いによって音の高さ(振動数)が変わる現象をドップラー効果という。

▶ドップラー効果は音（音波）に限らず，波（音波や光波や電波など）の発生源（音源・光源など）と観測者との間でも起こる。この場合には，音と音源をそれぞれ波と波源に読み替える。

Q5.3　ドップラー効果の例をあげよ。

5.2　音　波

5.2.1　音波と媒質

(1) 媒質が空気の場合

音波は，媒質である空気を音波の進行方向に振動させてエネルギーを伝える。媒質の振動方向が波の進行方向と同じなので圧縮波，疎密波という。音が聴こえるのは，耳の中の鼓膜が空気という媒質の振動を感じ取っているためである。

(2) 可聴振動数，超音波，超低周波音

人間が耳で聞くことができる音の振動数すなわち可聴振動数（可聴周波数と同じ）の範囲は，普通20〜20,000 Hz 程度である。高齢化すると聞こえる振動数の上限は減少する，つまり高い音が聞こえなくなる。

振動数の範囲が，20,000 Hz 以上の音を超音波という。また 20 Hz 以下の振動数の音を超低周波音という。

(3) 媒質が空気以外の場合

空気以外に音の媒質となるものはないだろうか。空気以外の気体，水などの液体，骨*や金属などの固体も音の媒質となる。液体や固体は，空気よりも速く音波を伝える。音速は媒質（音が伝わる物体）だけでなく温度によっても異なる。

音の聞こえ方も，空気中と水中とではかなり違う。音の速さは，空気中では334 m/s なのに対して，水中では1540 m/s と，実に約5倍もの差がある。そうすると，水中では低い音よりも高い音の方がよく聞こえてしまう。そこで，水中スピーカーは，ある帯域の周波数を特に強調して出すような作り方をしなくてはならない。

骨伝導
* 音は，空気の振動だけでなく，骨の振動（骨伝導）でも聞くことができる。耳を塞いでも聞こえる自分の声はこの骨伝導によるもの（骨導音）であり，鼓膜を通して聞く音（気導音）とは異なる。
骨伝導の応用製品には，骨伝導ヘッドセット，骨伝導イヤフォンなどがある。

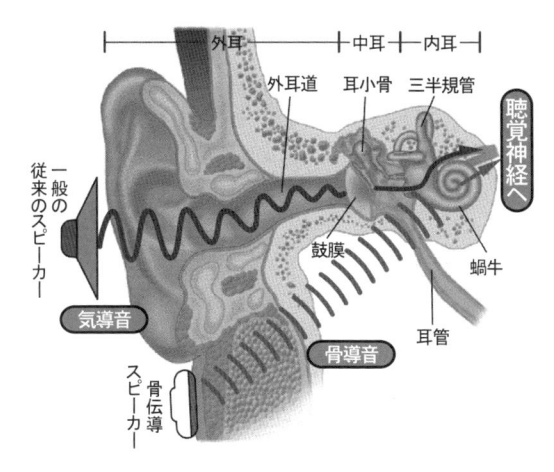

図 5.3 気導音と骨導音
(株)テムコジャパン

5.2.2 音波の性質

音波は波なので反射,屈折,回折,干渉という性質を持つ。

山頂で「ヤッホー」と叫んでこだま*を楽しんだり,電車がトンネルに入ったとき,急に車内の騒音が増して不快に思ったりしたことがあるだろう。これらは音波が反射することによって起こる。「ヤッホー」という声は遠くの山で反射して戻ってきたもので,車内の騒音は電車の騒音がトンネルの壁で反射して戻ってきたものである。

超音波のドップラー効果は血流計などに応用されている(5.4.3 参照)。

* こだまは英語でエコー(echo)であるが,日本の医療現場で単に「エコー」または「超音波」と言うと,通常,超音波検査のことを指す。

5.2.3 音の要素など

(1) 音の強弱(大小)

音は音波の振幅が大きいほど強く,小さいほど弱くなる。強い音は,エネルギーが大きいために騒音となる場合が多い。音の強弱は音の大小と同じ。

音量は音源が発生させる音の大きさであり単位はデシベル(dB)。

(2) 音 の 高 低

高い音は,音波の振動数が大きく,低い音は,振動数が少ない。振動数または周波数は1秒間に音波が振動する回数(単位は Hz = ヘルツ)。

(3) 音　　色

音の大きさ(振幅)や高さ(振動数)がほぼ同じでも波形が違うと音が違って聞こえる。この違いは音色といわれる。美しい音,ダミ声,フルートの音,ピアノの音などがその例。

(4) 音圧,音圧レベル

音は空気の振動(圧力変動)であり,この圧力変動を音圧という。単位はパスカル(Pa)である。

また，基準音圧を 20 μPa として音圧をデシベル（dB）で表したものを音圧レベルという。

（5）防音（遮音，吸音）

防音には大きく分けて遮音と吸音の 2 種類の方法がある。

耳栓やイヤーウィスパーは次の特徴を知って使い分けるようにする。

第一種耳栓：硬い材質でつくられていて遮音性能が約 20 dB と高い。低音から高温まで遮音できる。

第二種耳栓：軟質材料でつくられていて遮音性能は約 10 dB と低い。主に高温を遮音するものであり会話音域（500～2,000 Hz）の音は通すので装着したままで会話できる。

イヤーウィスパー：つぶして耳に入れるタイプは遮音性能が約 40 dB である。

5.2.4 超音波の発生，超音波洗浄

（1）超音波の発生

超音波の発生には主に圧電効果を利用している（6.3.2 章を参照）。

（2）超音波洗浄

水や溶剤を超音波振動させ，その中に置いた物体に傷をつけずに洗浄する方法を超音波洗浄という。

超音波（疎密波）を受けた液体に疎の部分（減圧状態）ができると気泡が爆発的に発生する。この部分が密の部分（高圧状態）に変わると気泡が破壊され数千気圧，約 1 万℃の状態をつくり出す。このとき物体の表面から汚れが離れる。超音波はこのような疎密状態を高速で繰り返す。

この洗浄効果は柔らかい物体（布など）では小さい。物体の柔らかさが超音波のエネルギーを吸収するからである。

5.3　光

5.3.1　光波と媒質

光をよく通す物質（光（光波）の媒質）は透明な物質である。たとえば水，大気，ガラスなど。

光波の速度は媒質の種類によって異なる。真空中で最大であり，水や空気の中では，真空中よりも低くなる。

5.3.2　光の性質

（1）反　　射

光線が鏡面（なめらかな反射面）にあたるときは，入射光線と法線がつくる角度が反射光線と法線がつくる角度に等しい。これを反射の法則という。

光　線
▶1 本の光のビームの進路を 1 本の線で表すとき，それを光線という。

もちろん粗い表面では乱反射が起こる。

1) 凹面鏡，凸面鏡

凸面鏡：鏡に映る像が縮小されるので小面積の鏡でも広い範囲を見ることができる。バックミラーやカーブミラーに使われる。

凹面鏡：鏡に映る像が拡大されるので拡大鏡として使われる。また集光できるので額帯反射鏡*などに使われる。

2) 半透明の鏡（マジックミラー，ハーフミラー）

ガラスなど透明な材料の上に金属皮膜を厚く塗ると普通の鏡ができる。この鏡への入射光は透過できないのですべて反射される。しかし金属皮膜を薄く塗ると入射光の半分は透過し，残りの半分は反射する「ハーフミラー」ができる。

(2) 屈　　折

2つの透明媒体中を進む光の速さが違うときには，1つの透明媒体から別の透明媒体へ進む光線がまっすぐに進まずに折れ曲がる。つまり屈折が起こる。

1) 屈折の法則

光線の速度は媒質の種類によって異なる。光線が2種類の透明媒体（例えば空気と水）の境界面を通過する場面を考える。光線の速度が境界面で遅くなる場合には，通過した光線は必ず境界面の法線に近づく方向に曲がる。反対に，光線の速度が速くなる場合には，通過した光線は法線から離れる方向に曲がる。

光線の速度が遅くなる（法線に近づく方向へ曲げられる）例は，光線が空気からガラスに入るときであり，光線の速度が速くなる（法線から離れる方向へ曲げられる）例は，光線がガラスから空気に入るときである。

2) 全反射と光ファイバー

光が，屈折率の大きい媒質1（例：ガラス，プラスチック，水）から小さい媒質2（例：空気）に入る場面を考える（図5.4）。法線に対する入射光の角度があまり大きくないときは媒質2に進行する光と境界面で反射して戻る光の両方が観測される（図5.4 a）。法線に対する入射光の角度を大きくしていくと全ての光が境界面で反射して戻るようになる（図5.4 b）。この現象を全反射という。

光ファイバーは光の全反射を利用している（図5.4 c）。

光ファイバーは屈折率の高い素材（コア）を屈折率の低い素材（クラッド）で包んだ構造をもっている。この関係は，上の媒質1と媒質2の関係と同じである。このためコアに光を入射させるとクラッドとの境界面で全反射し，その光は再び全反射することを繰り返して先へ先へと進む。コアに入射した光はクラッドの外に出ることなく，曲がった光ファイバーの中でも，遠くまで伝わる。

* 耳鼻咽喉科の医者が額につけて使用する反射鏡。光源の光を反射鏡で反射させて暗くて見えにくいところに集めて明るく照らし，反射鏡の真ん中の小さな穴から患部をのぞく仕組み。

　最近は光ファイバーを通して患部を照射できるクリニカライトが使われ耳鼻口腔の観察を行えるようになった。

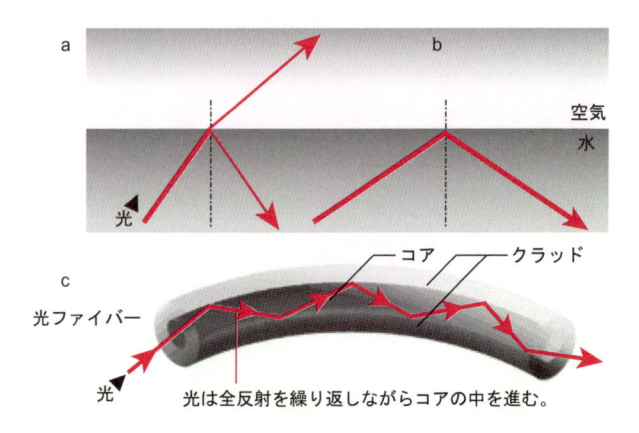

図 5.4　全反射と光ファイバーの原理
日本ガイシ(株), NGK サイエンスサイト 2003 年 1 号

3) ファイバースコープ

ファイバースコープ（fiberscope）は，柔軟な光ファイバーの束の先端に取り付けたレンズまたは CCD カメラでとらえた視野を，反対側の端のアイピース，カメラ，ビデオカメラのいずれかで観察する機器である。通常，光ファイバーを通して外部光源の光を先端部に送って目標物を照明する。

4) 医療用内視鏡

内視鏡は，ファイバースコープで観察するだけでなく，スコープ内部にある管状の空洞（チャンネルという)，例えば鉗子用チャンネル・送気・送水チャンネル・吸引チャンネルなどを通して，治療・処理（例えば，手術，吸引，注入，洗浄）を行えるようになっている。

5.3.3　電磁波としての光

(1) 可視光線とサングラス

濃色サングラスをかけると瞳孔が拡大するので透過できる紫外線は目に入りやすくなる。

サングラスは紫外線カット仕様で，側面入射光も防げる形状のものを選ぶ。

(2) 赤外線, 熱線

赤外線は波長によって，近赤外線，中赤外線，遠赤外線（4 μm～1 mm) に分けられる。

1) 赤外線

波長が長く，物質の中まで透過する性質を持つ「赤外線」は，患部を温めて治療や症状の緩和を行う「温熱療法」や「皮膚の再生治療」にも活用されている。

赤外線は物体からは必ず放射されている。高い温度の物体ほど赤外線を強く放射し，放射のピークの波長は温度に反比例する。室温 20°C の

物体が放射する赤外線のピーク波長は 10 μm 程度である。熱線として調理や暖房など加熱機器に利用される。

2) 近赤外線

近赤外線は波長がおよそ 0.7〜2.5 μm の電磁波で，赤色の可視光線に近い波長を持つ。性質も可視光線に近い特性を持つため「見えない光」として赤外線カメラや赤外線通信などに応用されている。

皮膚への浸透深度は近赤外線域では数 mm（最大 6 mm）である。短波長側（0.7〜0.8 μm）の近赤外光は静脈認証や医療用の一部の検査装置などに利用される。静脈認証は静脈血内のヘモグロビンが近赤外光を強く吸収する性質を利用している。

3) 遠赤外線

遠赤外線は波長が，およそ 4〜1000 μm の電磁波で，電波に近い性質も持つ。

金属を除くほとんどの物質は，2.5〜25 μm の振動数範囲で熱振動（分子振動，固体では格子振動）を起こす。この振動数領域は，遠赤外線のそれに重なるので，これら物質は遠赤外線の吸収効率が高い。言い換えると，これら物質に対する遠赤外線の加熱効率が高いので温度がすぐに上がる。

(3) 紫 外 線

可視光より波長が短く見えない光を紫外線という。紫外線は皮膚の奥深くに浸透できない。

紫外線には，原子から電子を放出させて原子をイオン化する作用（電離作用）がある。

1) 紫外線殺菌灯

普通の蛍光管と紫外線殺菌管の形はよく似ているが，構造も役目もまったく違う。蛍光管では管の内壁に蛍光物質が塗られているのに対し，紫外線殺菌灯の管内壁には蛍光物質が塗られていない。照明を目的とする蛍光管では，内部で水銀蒸気の放電によって放出された紫外線が蛍光物質を光らせている。しかし殺菌を目的とする紫外線殺菌灯では，内部で発生した紫外線がそのまま管の外に出るようになっている。

殺菌灯が出す紫外線の波長は，殺菌作用を持つ太陽の紫外線と同じであり，大腸菌などの弱い菌は，15 W の殺菌灯を 50 cm 離れたところから照らすと，約 1 分で死んでしまう。

2) 日焼け

日焼けの原因は紫外線にある。紫外線を浴びすぎると皮膚がんを引き起こす可能性がある。窓ガラスは紫外線を通さない。

5.3.4 電磁波

(1) 電磁波の公式

$c = f \times \lambda$ （c：光速，f：周波数（振動数），λ：波長）

(2) 電磁波のスペクトル

さまざまな電磁波の波長，作用を図5.5に示す。

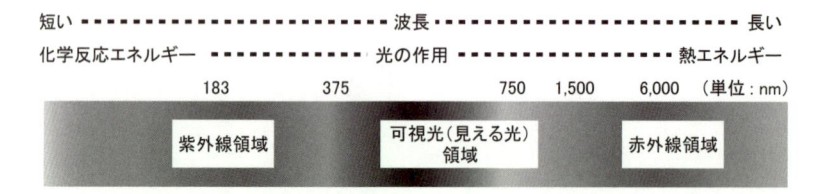

図5.5 電磁波のスペクトル

5.3.5 レーザー光

レーザー（Laser）は light amplification by stimulated emission of radiation の略である。放射の誘導放出による光の増幅という意味。レーザー光は波長が単一で，波がそろった光である。強い光のビームが得られる。

5.4 音波の医療への応用

5.4.1 聴診器

聴診器は，心臓，肺，血管などの出す音を聴き診断する，聴診に用いる道具である。ベル型と膜型があり，目的によって使い分ける。音を伝える管は長すぎると音のロスがでるので調節する。

5.4.2 聴覚検査とオージオグラム

図5.6にオージオグラムの例を示す。縦軸はその人がなんとか聴きとれる音の大きさ（聴力レベル）を表す。0 dB（デシベル）は聴力抜群の人のレベル。測定値が下に位置するほど聴力障害の程度が大きいことを意味する。

横軸は音の高さ（周波数）を表わす。例えば「ピッピッ」「ププッ」「ボッボッ」など）という，検査のときの音。

記号の意味は次の通りである。気導聴力（鼓膜の振動）は右耳を○，左耳を×で表し，骨導聴力（骨伝導）は右耳を [，左耳を] で表す（記号はカタカナの「コ」に似ている）。

結局，オージオグラムから，音が聴こえにくい周波数領域や難聴の種類を知ることができる。

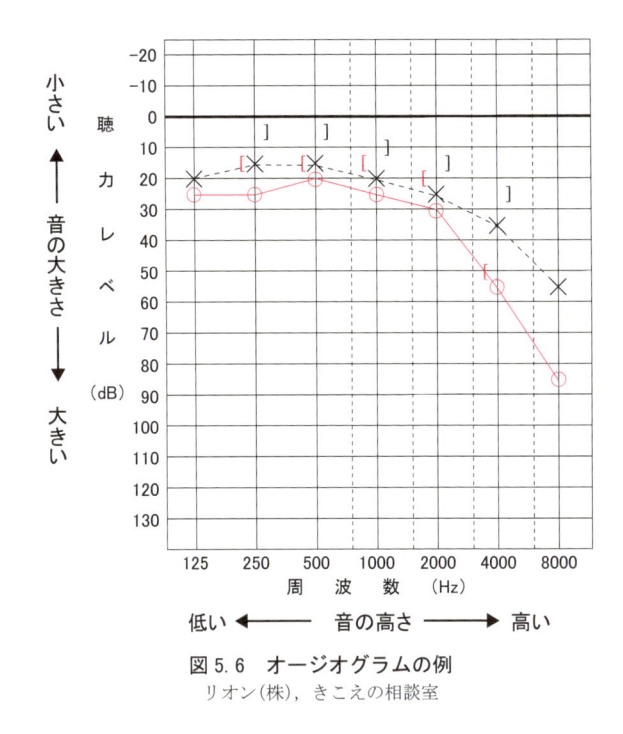

図 5.6　オージオグラムの例
リオン(株), きこえの相談室

5.4.3　超音波検査
(1) 超音波検査の原理と特徴

超音波（Ultrasound, US）は生体組織の密度が違ったところで反射や屈折を起こす。

超音波検査（エコー検査）では，超音波を体外から当て，臓器や組織からの反射波を受信して画像をつくる。超音波の周波数が高いほど生体による吸収が大きいので，透過性が低下し，深部の臓器は観察困難となる。

固い骨に囲まれている頭蓋のような部分を除けば，身体のほとんどの部分がエコー検査の適応となる。各臓器の形態的な異常や腫瘍などのほか，血流の異常なども発見できる。放射線を使用しないので放射線被曝の心配がない。

表 5.1　生体組織などの音速

媒　質	音　速(m/s)
空　気(35℃)	353
水　(35℃)	1,520
肝　臓	1,570
脂肪組織	1,420
骨	3,360

▶検査のときに塗る超音波ゼリーは，体表面とプローブ（探触子）の間に，音速の遅い空気層（表 5.1 を参照）が生じるのを防ぐ役割をもっている。

(2) 超音波プローブ（探触子）

超音波プローブ（探触子）は圧電素子からなり，電気信号を機械振動

に，またその逆の機械振動を電気信号に変換する機器である。

体外式の探触子にはセクタ型，リニア型，コンベックス型がある（図5.7）。

セクタ型　　リニア型　　コンベックス型

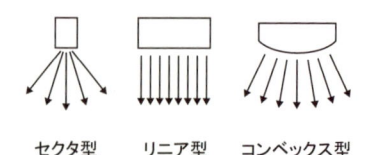

図5.7　探触子と超音波ビームの照射範囲

音波は拡がったり，弱くなったりする。周波数が高いと，音波は急激に弱くなるが，広がりの度合いが小さくなり（指向性が良くなり），分解能も良くなる。

(3) 超音波内視鏡検査

内視鏡の先端に超音波振動子を取り付けたプローブを飲み込ませ，食道や胃の中の超音波検査を行う方法。原理は体外から行う超音波検査と同じである。

(4) 超音波ドップラー法による血流測定

超音波のドップラー効果（5.1.2参照）を用いて血液中の赤血球がどちらの方向にどの程度の速度で動いているかを知ることができるので，血流速度を測定することもできる（図5.8）。

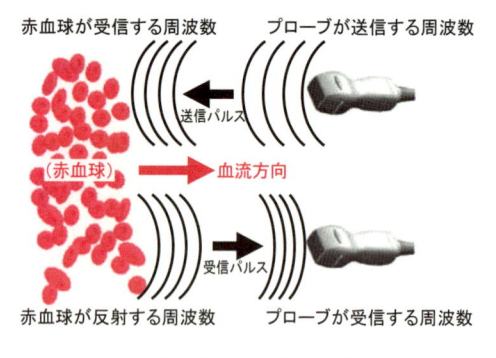

図5.8　ドップラー血流検査法の原理
早期動脈硬化研究会，ドップラー血流検査法

5.4.4　超音波療法

(1) 超音波療法の特徴

超音波療法（ultrasound therapy）では，ホットパックや遠赤外線などのように体外から熱を伝えて加温（伝導加温）するのではなく，体内に入った超音波が体内で熱に転換されて（熱転換）その熱を目的とする組織に伝える。伝導加温では，与えられた熱のほとんどが皮膚の表層で吸

収されてしまい内部組織にまで届かないが，熱転換によって熱を発生させる方式ではその熱が深部にまで届く。

(2) 超音波の生理作用

超音波の周波数が高いほど組織の浅い部分での超音波の吸収率が高いので，深部にまで超音波を到達させたいときには低周波数の超音波を使用する。

超音波を連続的に照射すると温熱効果が，パルス的に照射すると機械的振動効果（非温熱効果）が得られる。

5.5 光の医療への応用

5.5.1 角膜，水晶体

(1) 角　　膜

1) 角膜の役割

角膜は光を取り入れる役割以外に，光を屈折させて水晶体とともに網膜に像を結ぶ役割をもっている。

2) 角膜屈折矯正

レーシック（LASIK）は角膜を削って薄くすることで近視・乱視を矯正する手術である。

まず角膜の表面の一部を薄くカットしてフラップ（蓋）をつくる。それを一時的にめくってその下の角膜実質層にエキシマレーザーを照射して，角膜を彫り整え角膜の屈折率を変化させる。その後に，フラップを元に戻して密着させるものである。

(2) 水　　晶　　体

1) 水晶体の役割

水晶体は光を屈折する。曲率を変えられるので，近くのものを見るときにはふくらみ，遠くのものを見るときには平たくなる。眼球における屈折力の1/3程度は，水晶体が担うとされている。

2) 水晶体の屈折異常

　a) 眼鏡による屈折矯正

近視には凹レンズ（散光レンズ），遠視には凸レンズ（集光レンズ）を用いる。

　b) コンタクトレンズによる屈折矯正

コンタクトレンズは，ハードコンタクトレンズ（水をほとんど含まない，かたい素材）とソフトコンタクトレンズ（水分を含んだやわらかい素材）の2種類に分けられる。

3) 水晶体の混濁（白内障）

さまざまな原因（加齢，糖尿病，紫外線照射など）で通常は透明な水晶体が徐々に変色し，曇り，硬化する（白内障）。そのようなときは，水晶体の内容物を抜き出し，眼内レンズ（Intraocular lens, IOL）と呼ば

れる人工水晶体と交換する手術が行われている。

5.5.2 レーザー光と医療
(1) レーザー治療
　レーザー光の，① 単一の波長をもつ光（単色光），② 集光性がよい，③ 高エネルギー，などの特徴を活かした治療が歯科，皮膚科，耳鼻科，眼科など，多くの医科分野で行われている。

　物体の色が見えるのは，その色の波長の光を反射させそれ以外の波長の光を吸収するからである。同じようなことはレーザー光についてもあてはまる。歯および皮膚のしみなどの色素を破壊したいときには，その色素以外の波長のレーザー光を当てる。

(2) CO_2 レーザーメス

* 6.7.4 参照

　CO_2 レーザーメスは他のレーザーメスと同様，原理的には電気メス*と同じ一種の熱メスであるが，電気メスとの決定的な差異は，① レーザー光のエネルギー密度が高い，② 光を刃とする非接触性のメスであるという二点である。

　非接触性のメスであるため，電気メスのようにその先端に炭化した組織片や凝血が付着し，その機能が低下することもなく，刃先を移動する際，接触した組織や凝血を剥離し，残存組織の損傷や再出血を起こすこともない。

5.5.3 光 医 療
(1) 光線力学診断・治療*

* http://www.ushio.co.jp/jp/ir/private/light_story/light_story_05_02.html
　ウシオ電機（株），IR 情報，医療を変える新しい光

　腫瘍だけに反応する光感受性物質を投与した後，病巣に特定の波長（390〜410 nm）の光をあてがん細胞だけを発光させることによって診断する光線力学診断（Photo dynamic diagnosis, PDD）がある。さらに，その発光したがん細胞だけを特定の波長（600〜800 nm）の光によって破壊する光線力学治療（Photo dynamic therapy, PDT）もある。

　光の化学作用を利用してがん細胞を死滅させるため，これまでの手術や投薬に比べ痛みや副作用が少なく，臓器の温存が可能であるとされている。

(2) 光 線 治 療
　可視光線，紫外線，赤外線は，皮膚疾患，アレルギー疾患，潰瘍や炎症，骨疾患，などの治療に利用されている。

　1）可視光線療法
　可視光線は痣（あざ）やシミの除去，ニキビの光治療，うつ病治療，新生児の黄疸治療，などに有効とされている。

　2）紫外線療法
　紫外線は，波長が短いので強いエネルギーによる化学反応を期待でき

る。くる病治療，乾癬，アトピー性皮膚炎などの治療に有効とされている。

また紫外線には，免疫力を高めたり，メラトニンの生成を促進させたり，ビタミンDをつくりだしたりする有用性もあるといわれている。

3）赤外線療法

赤外線は，波長が長く，物質の中まで透過する性質を持っており，患部を温めて痛みの治療や症状緩和を行う温熱療法，皮膚の再生治療などに活用されている。

解　答

Q5.1 ちぎった紙片を手のひらにのせてフッと息を吹きかけると，紙片はフッという音とともに音の進行方向に飛んでいく。これは空気が振動する方向と音波が進む方向が同じであることを意味する。このような波を縦波（longitudinal wave）という。一方，木片が池の水面に落ちて波をつくるときには，水面は上下に振動し，波は壁のほうに移動する。つまり水の振動方向と波の進行方向はたがいに垂直である。このような波を横波（transverse wave）という。

Q5.2 真空中には音の媒質となるものがないので，音波は伝わらない。

Q5.3 動く物体（自動車，飛行機，星，雲，など）に電波を照射して戻ってくる電波の振動数のずれのデータをドップラー効果の式に代入すると動く物体の速度がわかる。球速を測定するスピードガンもドップラー効果を利用している。

6 電磁気と生活・人体・医療

この章では生活・人体・医療と電気・磁気との関係を扱う。主なキーワードは静電気ショック，感電，AED，MRI用強力磁石，心電図，脳波，筋電図，膜電位，イオンポンプ，イオンチャネル，神経伝導，電気療法，高周波療法である。
病室／病棟にある主な電気器具(※)についても，事故防止や省エネルギーの観点から触れる。

※ 照明・空気浄化・湿度調節・冷蔵庫・電子レンジ，テレビ・携帯電話など

心電図，脳波，筋電図

MRI

電磁気学

磁気，磁石

電流，電圧

電流，電圧

電気療法，高周波療法

AED，ペースメーカー，感電

電流，電圧

静電気

静電気ショック，空気清浄機

6.1 電荷と電場

6.1.1 電荷，帯電

＊ 電荷とは電気量のこと。電荷の単位はクーロン［C］で，クーロンは電気量の単位。

物体は，普通の状態では電気を帯びていない。これは物体が正の電荷＊と負の電荷を同数もっているので電気的に中性だからである。しかし，例えばガラス棒をポリエステルの布でこすってから両者を引き離すと，ポリエステルの布は負の電荷をもち（負に帯電），ガラス棒は正の電荷をもつ（正に帯電）ようになる。それは，こすったときにガラス棒の電子がポリエステルの布に移るので，ガラス棒もポリエステルの布も電気的中性を保てなくなり，ガラス棒は正電荷を帯び，ポリエステルの布は負電荷を帯びるようになるからである。なお，こすらないで接触させたときにも電子の移動は起こる。

表 6.1 に摩擦電気系列（静電気帯電列ともいう）を示す。この系列中でなるべく離れている，2つの物体をこすり合わせると，より左側にある物体からより右側にある物体へ電子が移動する。続いて2つの物体を離すと，右側の物体は電子が過剰なので負電荷を帯び，左側の物体は電子が不足するので正電荷を帯びるようになる。これを帯電という。このように帯電した2つの物体を，導体（金属，人体など）でつなぐと右側の物体の負電荷が左側の物体へ移動して正電荷と結合するので2つの物体は電気的に中性になる。

表 6.1 摩擦電気系列

正に帯電 ← 人毛・毛皮　ガラス　ウール　ナイロン　レーヨン　鉛　絹　木綿　麻　木材　アルミニウム　アセテート　紙　鉄　銅　ニッケル　ゴム　ポリプロピレン　ポリエステル　アクリル　ポリウレタン　ポリエチレン　塩化ビニール → 負に帯電

6.1.2 電場，クーロン力

ガラス棒をポリエステルの布でこすり，いったん両者を離した後でふたたび近づけるとポリエステルの布はガラス棒に引き寄せられる。次に2本のガラス棒をポリエステルの布でこすったあと，ガラス棒同士を近づけると反発しあう。なぜだろうか。摩擦電気系列（表 6.1）より，ガラス棒は正電荷を帯びポリエステルの布は負電荷を帯びるので，異符号の電荷同士は引きあい，同符号の電荷同士は反発したと考えられる。また正電荷を帯びた物体のまわりには，正電荷を帯びた他の物体に対して反発力を及ぼし，負電荷を帯びた他の物体に対して引力を及ぼす空間がある。このような空間を電場または電界（どちらも electric field）という。

（1）クーロンの法則

2つの電荷の間に働く力は，それぞれの電荷に比例し，電荷の間の距離の2乗に反比例する。この力は，2つの電荷が同符号のときは反発力（または斥力），異符号のときは引力となる。この力をクーロン力という。

2つの電荷をq_1およびq_2，電荷間の距離をrとし，電荷間の力をFとすると，上の関係は次の式で表せる。この式はクーロンの法則と呼ばれる。

$$F = (k \times q_1 \times q_2)/r^2$$

ここで，kは比例定数である。

（2）静電引力の応用

1）イオン式空気清浄機

空気清浄機には，フィルター式とイオン式の2つがある。イオン式は，よごれた空気の中の小さなほこりに，コロナ放電により正電荷を与え（正に帯電させるともいう），それを負に帯電した電極に，クーロン力で引きつけさせることにより，ほこりを取りのぞく。

2）レーザー式のコピー機

レーザー式のコピー機は，感光ドラムの静電気帯電，クーロン引力によるトナーの結合を応用したものである

6.2 電流，電圧，電力

6.2.1 電気の通しやすさ

電場（電界）に置かれた物質の中を荷電粒子（主に電子，イオンや正孔なども該当する）が移動する現象を電気伝導という。なお，この場合の電子は自由に動ける電子（自由電子という）を指す。

（1）導体，不導体，半導体

電気を通しやすい（自由電子が沢山ある）材料を導体（conductor）といい，電気を通さない（自由電子がほとんどない）材料を不導体（nonconductor）または絶縁体という。また中程度に電気を通しやすいものを半導体（semiconductor）*という。

＊ "semiconductor"の"semi-"は「半分」という意味である。

導体（良導体，電気伝導体ともいう）は，通常，電子を通す物体（物質）のことをいい，イオンを通す物体（物質）のことをイオン伝導体という。半導体の中を移動する荷電粒子は電子や正孔である。

導体の例は銅，鉄などで，絶縁体の例は電気コードの外側のビニール，ガラス，ゴム，空気など，半導体の例はシリコンなど。

絶縁体は絶対に電気を通さないということはない。電圧が高いと絶縁体でも電気を通すことがある（絶縁破壊という）。

絶縁体に電荷を近づけると，原子核と電子の位置が反対方向にずれる。この現象を誘電分極という。絶縁体は，誘電分極を示すので誘電体（dielectric）と呼ばれる。絶縁体は誘電体としての性質を示すが，誘電

体は必ず絶縁体ということはない（6.3.1参照）。
(2) 電気伝導率（または導電率），とそれによる導体，不導体，半導体の分類

電気の通しやすさを，電気伝導率または導電率という。

導体とは，電気伝導率がグラファイト（電気伝導率 10^6 S/m）と同等以上のものをいい，不導体（絶縁体）とは 10^{-6} S/m 以下のものをいう。電気伝導率が中間の値をとるものは半導体と呼ばれる。

6.2.2 電流，電圧，抵抗
(1) 電 流

導体は自由電子を沢山もっている。その導体の一端から自由電子を注ぎ込むと導体には自由電子の流れができる。これが電流であり，その単位は A（アンペア）である。

(2) 電 圧

導体に自由電子を注ぎ込むためには圧力が必要である。それが電圧であり，単位は V（ボルト）である。

電気の流れを水の流れにたとえると，電圧は水の落差（水圧）に相当すると考えてよい。水圧が大きければ大きいほど水の勢いが強いように，電圧が高いほど電気を流す力が大きくなる。私たちの家庭にきている電気の電圧はふつう 100 ボルトである。

(3) 電気抵抗とオームの法則

自由電子は導体を流れるとき，その運動方向や速度を乱されると流れが妨げられる。これが電気抵抗であり，単位は Ω（オーム）である。

1）オームの法則

電気抵抗，電圧，電流の間には次の関係（オームの法則という）がある。

　　電気抵抗＝（電圧）÷（電流）　　$R = V/I$

2）電気抵抗と抵抗率

電気抵抗 R は物体の長さ L に比例し，断面積 S に反比例する。

　　$R = \rho(L/S)$　　ρ は抵抗率

3）抵抗率の温度依存性

金属の抵抗率は，温度が高くなると大きくなる。この原理を応用したものが測温抵抗体である。

半導体（n型半導体）の抵抗率は，温度が高くなると小さくなる。この原理を応用したものが NTC サーミスタで，温度検出用センサーに使われる。

Q6.2 デジタル温度計の仕組みを説明せよ。

6.2.3 直流と交流

電池から取り出せる電気は電流が一方向きで，その大きさがあまり変わらない。このような電流を直流という。これに対して，コンセントから取り出せる電気は，電流の向きと大きさが時間とともに周期的に変わる。このような電流を，交流という。交流は直流と違い容易に電圧を上げたり下げたりする（＝変圧する）ことができる。

▶抵抗とインピーダンス：直流における抵抗の概念を交流に拡張したものがインピーダンスである。

6.2.4 電力，電力量
（1）電　力

電流が単位時間におこなう仕事の量（＝仕事率）を（消費）電力という。その単位はW（ワット）。電力P，電流I，電圧Vの間には次の関係がある。

$$P = V \times I$$

Q6.3 ある電気機器／電気器具に流れる電流を事前に知るにはどうすればよいか。

（2）電　力　量

電力量は，電気機器などが消費する電力の量であり，消費電力と使用時間の積に等しい。単位はWh（ワット時）。

▶ワットは電力の単位，ワット時はエネルギーの単位。きちんと区別すること。

Q6.4 白熱電球（100 V 60 W）がある。この白熱電球を4時間つけた場合の消費電力量はいくらか。電気代を1 kWhあたり23円とすると電気代はいくらか。

6.2.5 電流の仕事

電流には熱作用，磁気作用，化学作用という三大作用がある。

（1）電流の熱作用

電流が導体を流れるときには，その抵抗によって熱が発生する。この熱をジュール熱という。熱の量は導体の抵抗によって変わり，抵抗が大きいほど多くなる。

$$発熱量\ Q = R \times I^2$$

ホットプレートや電気ストーブはこの方法（抵抗加熱という）で加熱している。発熱体として一般にニクロム線を使うが，それよりも赤外線放射効率が高いカーボンヒーターやグラファイトヒーターではカーボン系材料が使われている。

なお，送電線で電気を送るときにも電気の一部がジュール熱に変わり空中に逃げてしまう。これが送電ロスである。

Q6.5 コンセントに電気機器をつないでいると，電気コードが温かくなること

がある。それはなぜか。

Q6.6 コンセントに電気機器をつなごうとしたが，その電気コード（導線）が短かったので，それよりも細い電気コードを間に入れてつないだ。どんなことが起こるか。

(2) 電流の化学作用

電気エネルギーで化学反応を起こすことができる。例えば水の中に電極を入れ，両極を電池につなぐと，プラス極から酸素ガス，マイナス極から水素ガスが発生する。これは水の電気分解という「電流の化学作用」の例である。メッキも「電流の化学作用」の例である。

▶電流の化学作用とは逆に，化学反応を利用して電流を取り出す装置が（化学）電池である。

6.3 主な電子部品

6.3.1 誘電体

身近に見られる，多くのプラスチック，セラミック，雲母（マイカ），油などは誘電体である。

誘電体は，直流に対しては絶縁体である（＝直流の電気は通さない）が，交流に対しては絶縁体ではない（＝交流の電気は通す）。交流は，周波数が高いほど良く流れる。

誘電体とは，導電性よりも誘電性が優位な物質のことである。

6.3.2 圧電体，圧電素子

物体が圧力を加えられると電気エネルギーを発生し，逆に電気エネルギーを加えられると伸縮（振動）する性質を，それぞれ圧電効果，逆圧電効果という（図 6.1）。これらの性質を示す物質は一般に圧電体と呼

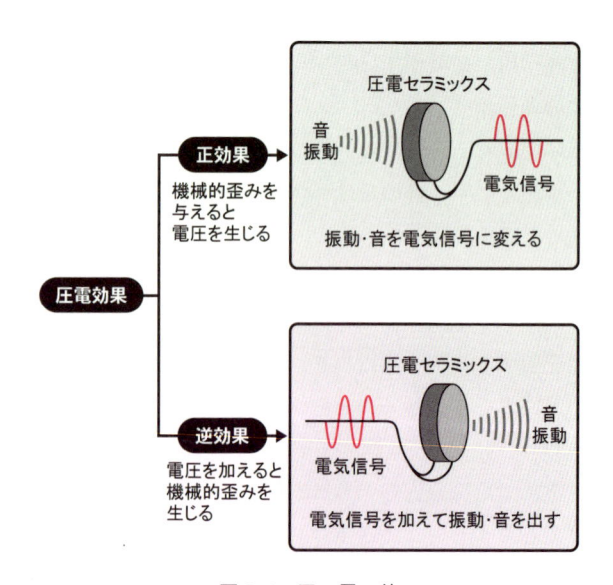

図 6.1 圧電体
本多電子(株)，超音波ハンドブック

ばれる。ライターやガスコンロの点火装置は圧電効果を利用し，スピーカーや超音波機器は逆圧電効果を利用している。

薄くカットした圧電素子（＝ 圧電体の機能をもつ部品）の両側に電極を付けて交流電圧を与えると素子が伸縮・膨張して振動する（＝ 逆圧電効果）。圧電素子が振動すると周囲の空気が振動するので音が発生する。発生する音の周波数は，与える交流電圧の周波数によって決まり，振動数が 20 kHz 以上では超音波が発生する。

6.3.3 焦電体，焦電素子

物体の片面に正電荷があり，その裏面に負電荷があっても，そこに反対符号のイオンが十分な量吸着している場合には電気的に中性である。このようなとき，物体の温度が変化すると，どうなるであろうか。正電荷と負電荷の量はその温度変化にすばやく対応するが，吸着しているイオンはすばやく離れることができないので電気的中性の条件がくずれ，物体の両面間に電位差（＝ 電圧）が生じる。このよう効果を焦電効果といい，焦電効果をもつ物体を焦電体，焦電体の機能をもつ部品を焦電素子という。この焦電効果を利用して温度変化を電圧変化として取り出すのが焦電型温度センサーである。また人が放射する赤外線を受けたとき温度変化が起こることを利用して，人の動きを検知するのが焦電型赤外線センサーである。

6.4　磁石，磁界

6.4.1　磁　　力

(1) 磁　　石

磁石には磁鉄鉱など天然のものと，人工的に作られたものがある。

磁石にはN極とS極があり，同じ極同士は反発し，違う極同士は引き合う。この力を磁力といい，磁力が働く空間を磁界または磁場という。

(2) 電　磁　石

電流を電線に流すと，電線の周りに磁気が発生する。これを「電流の磁気作用」という。モーターは「電流の磁気作用」を利用している。

コイル状の電線に直流電気を流すと，コイルは磁石になる。これを電磁石という。

(3) 超電導磁石，強力永久磁石

MRI（Magnetic Resonance Imaging ＝ 磁気共鳴撮像）は，身体を強い磁場の中において身体内部を磁気画像化することができる。

従来からあるトンネル型MRI装置は，強力な磁場を生み出すために超電導磁石を使用しているが，オープン型MRI装置は，超電導磁石にかえて強力な永久磁石を使用している。

6.4.2 電磁誘導

(1) 誘導起電力

コイルに磁石を近づけると，コイルに電流が発生する。これは，磁界の時間的な変化により電界が発生し，コイルに起電力が生じるためである。このような現象を電磁誘導といい，その起電力を誘導起電力という。

(2) 誘導起電力と防水型電動器具の充電

充電器に接続する電極がまったく見あたらない防水型電動器具（例：電気カミソリ，電動歯ブラシ）がある。これは，電極が水で濡れて故障を起こすことがないよう特別な充電方法が採用されているからだ。その方法とは，充電器内の一次コイルに通電し，防水型電動器具内の二次コイルに誘導起電力を発生させ，この電流を直流に変換して二次電池に充電する方法である。

6.5　主な電気器具とその安全な使い方

6.5.1　IHクッキングヒーター（電磁調理器）

IH は，Induction Heating の略で，誘導ヒーターという意味である。抵抗加熱を利用する電気コンロのように熱を鍋に伝えるのではなく，鍋自体を発熱させる（誘導加熱という）ので熱のロスが少ない。誘導加熱の原理は次のとおりである。IH クッキングヒーター内のコイルに高周波電流を流して発生させた磁力線によって鍋に渦電流を発生させる。この電流は鍋の表面だけを流れるので抵抗が大きい。その結果大きなジュール熱が発生する。鍋の材料は原理的に磁性体（鉄，ステンレスなど）でなければならない。銅，アルミ，ガラス，陶器の鍋は使えない。

6.5.2　電子レンジ

(1) 電子レンジの原理

水は極性分子であり，（＋）極と（－）極の両方を持った永久電気双極子である（図6.2）。周波数が 2.45 MHz のマイクロ波を水に照射すると，1秒間に 24億5千万回，マイクロ波の電界が交互に変化する。水

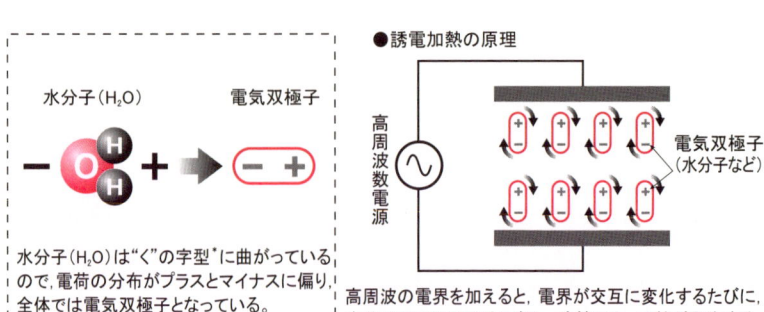

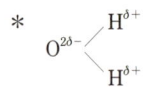

* $O^{2\delta-} \begin{matrix} H^{\delta+} \\ H^{\delta+} \end{matrix}$

図 6.2　誘電加熱の原理
TDK(株)，Tech-Mag，電気と磁気のはてな館（2008年11月）

分子は，その（＋）極と（－）極の向きを電界の変化に合わせるために同じ回数だけ変えようとする．しかし，水分子の動きは電界の変化についてゆけないため遅れが生じる．これはマイクロ波の電界変化に対する抵抗となるので熱が発生し（誘電加熱），水を加熱することになる．この原理で，水を含む食品などを内部から加熱するのが電子レンジ（microwave oven）である．しかしマイクロ波は透過力が大きくないので，例えば食品の中に数 cm ほど侵入するとエネルギーを失う．つまり吸収されてしまう．それでも食品が内部まで加熱されるのは，食品の外側の熱が熱伝導によって内部に伝わるからである．

Q6.7　ガラス製あるいは陶器製の容器に食品を入れて電子レンジで加熱したとき容器が熱くなるのはマイクロ波を吸収するためであろうか．

Q6.8　金属はマイクロ波を吸収するだろうか．

（2）電子レンジの装置

マイクロ波の発生源としては，マグネトロンという真空管の一種が使われている．

電子レンジの出力は家庭用で 500〜1,000 W（100 V，5〜10 A）程度，コンビニエンスストアなどにある業務用では 1,500〜2,000 W（200 V, 7.5〜10 A）程度である．

マイクロ波の周波数は 2.45 GHz なので，同じ周波数を共用している無線 LAN や 2.4 GHz 帯アマチュア無線などは，電子レンジを動作させると電波干渉を受ける場合が多い．

Q6.9　氷を直接電子レンジで加熱することができるか．

6.5.3　電気冷蔵庫，エアコン，ヒートポンプ

液体状態の冷却媒体が気体状態に変化する（気化）ときに周りの物体から熱を奪う．この熱（気化熱）を食品，飲料などから奪う（それらを冷却する）のが電気冷蔵庫で，室内の空気から奪う（空気を冷却する）のが冷房用エアコンである．気体状態になった冷却媒体を再び液体状態に戻すにはコンプレッサー（圧縮機）で圧縮して凝集させる．このときに発生する熱（凝縮熱）は冷却ファンなどで周囲に逃がす（放熱させる）．このため電気冷蔵庫の裏側あるいは上部は温かい．消費電力の大半はこのコンプレッサーの動力（モーター）に使われる．

エアコンで暖房するときには，上の冷却サイクルを逆にまわす．すなわち気体状態の冷却媒体を圧縮し発生する熱を室内に放熱させる．この仕組みは，まわりから熱を汲み上げるのでヒートポンプと呼ばれる．電気ストーブで暖房する場合にくらべて，電気代が約 1/3 で済むといわれ

▶電子式電気冷蔵庫　冷媒を用いないのでコンプレッサーが不要．したがってその作動音が出ないので静かであるが効率は高くない．この冷蔵庫はペルチェ効果*を利用している．

＊　2つの異なる金属を接触させて，そこに直流を通すと，熱の発生または吸収が起こることをペルチェ効果という．

る。

6.5.4 加湿器

乾いた空気に湿り気を与えるのが加湿器。湿り気を与える方法として，湯を沸かして水蒸気を出させるスチーム式，遠心力で水分を霧のようにふき出す遠心噴霧式，超音波で霧をまきちらす超音波式（5章を参照）がある。

6.5.5 配線器具

(1) コンセント

コンセントは，プラグの差し込み口のことで，和製英語。英語ではアウトレット（取り出し口）という。コンセントには二口，三口のものなどがあるが，差し込み口がいくつあっても，同時に使えるのは通常合計15 A までである。

(2) アース

地中深く埋めた銅板などと電気器具とを導線でつなぐことを，アースをつける，あるいは接地するという。万一，漏電した場合でも，漏電した電気はアースを通って大地へ流れるので，事故を未然に防ぐことができる。感電事故を避けるために，湿気や水気のあるところで使う電気器具には必ずアースをつけよう。

(3) タコ足配線

テーブルタップを使い，いくつもの電気器具を同時に使うことをタコ足配線という。テーブルタップのコードには，使える電流に制限がある（通常は 12 A または 15 A）。それを超えてタコ足配線すると，コードが過熱して火災の原因になることがある。使える電流が上限を超える場合には，コンセントを増やして対応しよう。

(4) プラグのほこり

電気器具のプラグをコンセントに長期間差し込んだまま使っていると，コンセントとプラグの間にチリやホコリがたまる。そこに湿気が加わるとショートして過熱するので火災の原因になることがある。

(5) プラグ

プラグとコンセントの接続が不完全だと，ショートの危険性が増す。

電気器具は使い終わったあと，コードを引っ張って抜くことはやめよう。プラグとコードの接続がゆるんだり，コードが傷んだりしてとプラグやコードの過熱を招き火災の原因になる。

6.6 生体・器官・組織の電磁気的性質

身体の中のいろいろな場所で，弱い電流，小さい電圧を検出することができる（表6.2）。

表6.2 生体内の電気

種類	周波数	電位差	インピーダンス
脳波	0.5〜70 Hz	数 μV〜300 μV	10〜50 kΩ
筋電図	10〜2,000 Hz	10 μV〜15 mV	1〜数十 kΩ
心電図	0.1〜200 Hz	1 mV 前後	1〜20 kΩ
皮膚電気反射	0.03〜10 Hz	数百μV〜数 mV	1〜20 kΩ

前田昌信，『看護にいかす物理学，第3版』，医学書院（1996）

6.6.1 膜電位，イオンポンプ，イオンチャネル

(1) 膜電位

細胞膜の内側と外側の電位差を膜電位 (membrane potential) という。細胞内と細胞外とでは，イオン（ナトリウム，カリウムなど）の組成が異なるため，それらの濃度差に応じネルンスト式で決まる電位差が発生する。

通常，細胞内の電位は細胞外の電位よりも低い。

(2) イオンチャネル

細胞膜は脂質二重層から構成されている。脂質は疎水性であり，イオンは親水性なので互いに反発しあう関係にある。そのため一般にイオンは細胞膜を自由に移動できないが，細胞膜の特定のところは通ることができる。細胞膜の中のイオンの通り道をイオンチャネルという。

イオンチャネルを通るイオンの移動の駆動力は，イオン濃度の高いほうから低いほうへ移動する（受動輸送）という自然界の法則によっている。

(3) イオンポンプ

イオンの受動輸送にはエネルギーが必要ないので容易に起こる。イオンの輸送が続くと，イオン濃度は細胞膜の内外で同じになり，ついには受動輸送が起こらなくなるはずである。しかし，実際には細胞膜の内外にイオンの濃度差がある。

それはイオンを濃度の低いほうから高いほうへ移動させる輸送方式（能動輸送）があるからである。能動輸送は自然には起こらないので，電動ポンプで水を汲み上げるように，エネルギーを使ってそれを実行することになる。そこでイオンを能動輸送する仕組みをイオンポンプという。このイオンポンプのエネルギーはATPなどである。

膜電位に関わるイオンポンプには，ナトリウム-カリウムポンプがある。このポンプの働きにより，細胞内ではナトリウムイオン濃度をカリウムイオン濃度よりも低い状態に保つことができる（細胞外では逆の関

6.6.2 神経伝導（速度）検査

神経伝導速度検査では，皮膚の上に電極を貼り，体表から末梢神経を刺激し，得られた神経や筋肉の反応（電位，伝導速度，振幅，波形など）を分析する。

障害がある場合には正常の場合よりも神経伝導速度が遅くなったり，反応が出なくなったりする。

6.6.3 心電図検査

（1）心電図とは

心臓は，右心房の上部にある洞結節から規則正しく送り出される微弱な電気信号（膜電位）にしたがって心拍動をくり返し，血液を送り出している。

この電気信号すなわち電位の変動を記録したものが心電図である。心電図検査では，体の表面から，この電気信号を波形（P波，QRS波，T波）として検出，記録する。波形の記号はアルファベット順につけられている。

（2）心電図検査

上半身だけ裸になり検査台に仰向けに寝て，電極を付ける部分にケラチンクリームを塗る。多くは，両手首と両足首，胸に電極を取り付ける（胸部誘導）。そのほか，両手首と両足首だけで測定する（四肢誘導）など，必要に応じて電極の数を増減する。

Q6.10　心電図検査のとき電極をつける部分にケラチンクリームを塗るのはなぜか。

6.6.4 筋電図検査

筋電図検査の目的は筋肉の異常を調べることである。検査する筋肉部分に細い電極針（刺激電極）を刺し電気刺激を流すと，筋の収縮が起こり，電気信号（筋電図）が得られる。

6.6.5 脳波検査

脳は，脳神経細胞が活動することによって，頭皮上に電位変化を生じさせている。頭皮に電極を付け，その電位変化を記録したものが脳波図（electroencephalogram, EEG）である。

検査は，外から電磁波が入ってこない電磁波シールドルームで行う。ベッドにあお向けになり，頭皮と電極の間の電気伝導性を良くするためのペーストをつけた後，頭皮に十数個の電極を付けて脳波を記録する。

6.7 生体への電流・電磁場の影響，電気刺激と応答

6.7.1 身体の帯電

人の皮膚も含めた摩擦電気系列を表6.3に示す。

表6.3 摩擦電気系列

正に帯電 ← → 負に帯電

人毛・毛皮 / ガラス / ウール / ナイロン / レーヨン / 鉛 / 絹 / 木綿 / 麻 / 木材 / 人の皮膚 / アセテート / アルミニウム / 紙 / 鉄 / 銅 / ニッケル / ゴム / ポリプロピレン / ポリエステル / アクリル / ポリウレタン / ポリエチレン / 塩化ビニール

Q6.11 ポリエステル製の下着を着ている人が，下着を脱いだとき静電気ショックを受けるだろうか。摩擦電気系列を参考にせよ。

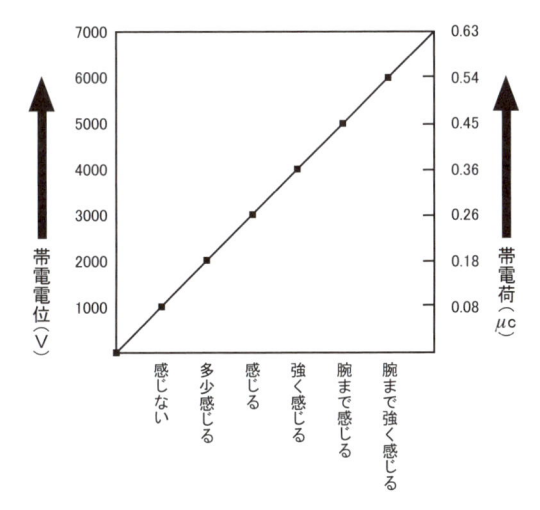

図6.3 人体の帯電電位と静電気ショックの強さ
「宮崎技術研究所」の技術講座「電気と電子のお話」1.2.
http://miyazaki-gijutsu.com/series4/densi0121.html

Q6.12 衣服を脱ぐときやドアノブに触れたときに静電気ショックを受けるのはなぜか。

表6.4 人の動作と人体の帯電電位

人体の動作	人体帯電電位（kV）
ナイロンカーペットの上を歩行	2.0 から 2.5
ナイロンカーペットの上ですり足運動	4.5
ソファーから立ち上がる	3.5 から 4.5
アクリルセーターの脱衣	4.5 から 5.0
ポリエステル作業服の脱衣	4.0 から 4.5
アクリル毛布の折り畳み作業	5.0 から 6.0

「宮崎技術研究所」の技術講座「電気と電子のお話」1.2.
http://miyazaki-gijutsu.com/series4/densi0121.html

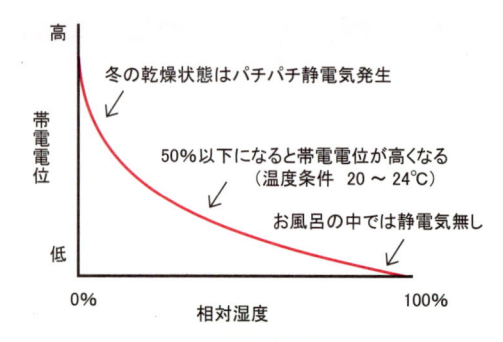

図 6.4　人体の帯電電位と湿度
「宮崎技術研究所」の技術講座「電気と電子のお話」1.2.
http://miyazaki-gijutsu.com/series4/densi0121.html

Q6.13　脱衣のとき静電気ショックを強く感じることが多いのは冬季間である。それはなぜか。

6.7.2　人体の電気抵抗

人体は導体である。脱衣のときや金属製ドアノブに触れたときに静電気ショックを感じるのは，導体である人体を通して静電気放電が行われるからである。このときの電圧は，数千V（ボルト）〜1万Vといわれている。

人体に，皮膚を介して電気が流れるとき，抵抗が大きいのは皮膚である。しかし皮膚が水などでぬれていると抵抗が小さくなるので，電圧が低くても電流が大きくなる。汗や海水でぬれているときは一段と抵抗が小さくなるので危険性がさらに高まる。

▶生体組織の電気抵抗率は次の順に小さい。骨＞脂肪＞内臓＞筋肉＞神経＞血液

▶体内には血液などの水溶液があり，その中にはイオン（Na^+，K^+など）がたくさんあるので電気を流しやすい（イオン伝導）。

Q6.14　乾いた身体は500 kΩ程度の電気抵抗をもっている。また皮膚が湿ったり濡れたりして身体の電気抵抗が0.1 kΩ程度になる。100 Vの電源から流れる電流はそれぞれ何Aか。

Q6.15　身体にある "つぼ" とはなんだろうか。

Q6.16　体脂肪計の原理を説明せよ。

6.7.3　電流の生理的影響

身体に電気が流れる場合には，電流の大きさが重要である。電流が小さいとショックだけですむが，電流が大きいと人命にかかわることがある。とくに，ぬれた手などは電気が通りやすく，漏電している器具や電線にふれると，ビリッと感じる。このときの電流は約1 mAといわれている。

（1）感　　電

漏電している器具や電線に直接ふれると，電気は人体（導体）を通って大地へ流れる。そのときのショックを感電という。

人体に電流が流れると表 6.5 のような影響がある。

表 6.5　電流の人体への影響

身体を流れる電流（A）	生理的反応
0.001	電流を感じる下限
0.005	危害がないとされる最大限界
0.007〜0.015	がまんできないと感じる
0.050	苦痛，失神，極度の消耗
0.1〜0.3	心室細動と死
0.3 以上	心臓まひ，焼け焦げる

R. ディットマン／G. シュミーク（宮崎英三，大村能弘，大成逸夫訳），『やさしいフィジックスⅡ』，共立出版（1984）

Q6.17　100 V の電圧がかかっている電気コードの 2 本の金属線にさわると電気ショックを感じるが，1.5 V の電池の電極を指ではさんでも電気ショックを感じないのはなぜか。

(2) 心室細動

心臓の心室がけいれんを起こしたように細かく振動して，血液を送り出すポンプの役割を果たせなくなった状態を心室細動という。

胸郭内の器官を通して 0.1〜0.3 A の電流を数秒間連続的に流すと，心臓は心室細動を起こして血液を循環させることができなくなる。もっと大きな電流を流すと，心臓は麻痺状態になる。

(3) 除細動器

心臓は心室細動を起こしたとき，心臓に瞬間的（数ミリ秒間）に高電圧の電気を与えて蘇生させる装置が除細動器という。電気ショックのエネルギーは約 200 J である。AED は，Automated External Defibrillator（自動体外式除細動器）の頭字語である。

6.7.4　高周波電流，電気メス

生体を負荷として高周波電流を流して，このときの負荷もしくは接触抵抗に発生する熱を利用して，切開作用，凝固作用を導き出すものが電気メスである。

電気メスは，生体に数 MHz の高周波電流を流す。点のように小さい面積の電極がメスに相当し，他方の電極の面積は広い。電極間の電流は同じでも，電極面積が小さいと単位面積あたりの電流（電流密度）は非常に大きいのでメスは大きなジュール熱を発生し，組織を破壊（切開），凝固・止血させることができる。一方，面積が広い電極の電流密度は小さいので生体に流れる電気の影響はほとんどない。

なお，壊死層が薄い点では，レーザーメス*の方が優れているとされ

*　5.5.2 参照

ている。

6.7.5 ペースメーカーの仕組みと種類
(1) 不 整 脈
心臓の収縮と拡張は，洞結節（発電所に相当）から発生する電気的な刺激によって起こる。

この刺激が正常に伝わらなくなった状態を不整脈という。不整脈は，脈がとぶ期外収縮，脈が速くなる頻脈，脈が遅くなる徐脈の3つに分けられる。

(2) ペースメーカー
ペースメーカーが有効な不整脈は徐脈である。ペースメーカーは電池と発振装置，リード（導線）からなる人工臓器で，障害されている洞結節や伝導路の代わりに電気的な刺激を心筋に与えて，拍動リズムをコントロールする。

6.8 電磁気の医療への応用
6.8.1 電 気 療 法
(1) いろいろな電気療法
電気療法とは電気エネルギーを用いる治療法で，電流，電磁波，電位などが利用されている。電流を流すと，直接，神経や筋肉などを刺激することができ，血流が改善し，痛みを緩和することができる。電磁波を用いるものにマイクロ波治療器があり，これは組織の加温に用いる。

(2) 電気刺激療法
電気刺激療法（electrotherapy）とは，経皮的に生体に電流を流すことにより，治療効果を得る療法である。神経機能がうまく働かなくなった筋肉は，電気刺激を与えることによって，衰弱（萎縮）や硬直を防ぐことができるといわれている。

1）低周波療法

周波数 1,000 Hz 未満のパルス波電流を用いる。経皮的末梢神経電気刺激もこれに含まれる。

2）中周波療法

周波数が 1,000 Hz 以上のものを中周波治療法という。

3）干渉波療法

4,000 Hz 前後の，周波数がわずかに異なる2つ以上の電流を同時に流し，生体内で生じる干渉電流で刺激を行う。

4）電位治療

数百ボルト以上の交流または直流の負電位を生体にかけて治療を行う。生体のホメオスターシスの維持に関与するといわれている。

6.8.2 高周波療法

数万 Hz の高周波を人体にかけると，1 秒間に数万回の電気振動が発生するので，皮膚温度が 2〜3℃上昇する。体内深部にも作用するといわれている。

解 答

Q6.1 15 A である。

Q6.2 デジタル温度計にはサーミスタと呼ばれる半導体が感温部に用いられている。半導体の温度が変わると電気抵抗が変わり,電流が変化する。デジタル温度計は,この原理を利用し電流変化から温度変化を読み取るようになっている。

Q6.3 電力の大きさは,次の式のように電流と電圧の積で表される。例えば,1,000 W の電子レンジの電流は,電力÷電圧 ＝ 1000 W÷100 V ＝ 10 A

Q6.4 60 W×4（h）＝ 240 Wh，0.240 kWh/×(23 円/kWh) ＝ 5.5 円 となる。

Q6.5 電気コードに電気が流れるとジュール熱が出るので,必ずいくらかは熱せられる。しかし電気コードが温かいのは危険な兆候と考え,もっと太い電気コード（より大きい電流を流せる）に取り換えたほうがよい。

Q6.6 細い電気コードが異常に熱くなる可能性があるので注意が必要。

Q6.7 マイクロ波はガラスや陶器を透過し吸収されない。容器が熱くなるのは内部の食品などが温められその熱が容器に伝わるからである。

Q6.8 金属はマイクロ波を吸収しないで反射する。電子レンジの内壁に金属板を使うのは,金属板でマイクロ波を反射させて加熱したい食品に有効にあてるためである。

Q6.9 氷は水分子が規則正しくならんだ結晶なので,水の水分子と違ってすばやく動けない。したがって氷の水分子のまわりで 2.45 GHz すなわち 1 秒間に 24 億 5 千万回,マイクロ波の電界が変化してもそれに合わせて水分子の向きを変えることができない。つまり氷を電子レンジで加熱することはできない。どうしても氷を電子レンジで加熱したいなら,少量の水を共存させると良い。

Q6.10 皮膚と電極間の電気を通りやすくするためである。

Q6.11 摩擦電気系列におけるポリエステルと人体の皮膚との関係を見ると,ポリエステルが負に皮膚が正に帯電し,しかも両者の間隔が空いているのでかなりの静電気ショックを受ける。

Q6.12 人体は導体なので,静電気が人体の中を流れるからである。

Q6.13 冬季間は湿度が低く,人体の帯電電位は湿度が低いほど急激に大きくなるからである。図 6.4 を参照。

Q6.14 オームの法則より,電流 $I = V/R$。乾いた身体を流れる電流は 100 V/500,000 Ω ＝ 0.0002 A。皮膚が湿ったり濡れたりしていると,100 V/100 Ω ＝ 1 A の電流が流れる。

Q6.15 皮膚の電気抵抗は場所によって違い,いわゆる「つぼ」の電気抵抗は小さいので電気が流れやすい。したがって電気刺激は「つぼ」を通って体内に伝わりやすい。

Q6.16 脂肪は電気抵抗が大きいので,体脂肪が多いほど身体に電気が流れにくくなる。両足の間に微弱な電気（交流）を流して身体の電気抵抗（インピーダンス）をはかることによって体脂肪をはかるのが体脂肪計である。

Q6.17 オームの法則 $E = R \times I$ より $I = E/R$。人体の抵抗を R とすると,電流 I は電圧 E に比例するので,電圧が 100 V と 1.5 V とでは電流が 67 倍も違う。

7 画像検査の物理科学

この章ではまず画像診断の基礎となる物理科学を扱う。

X線，γ線，粒子線はどこから出るのか。それを理解するために原子・原子核の構造を学ぶ。それらが身体に当ったときにどこまで深く入るのか，放射線は身体にどのような影響を与えるのか，医療被曝をどのようにふせぐのか，という疑問に答えるには放射線の本質を理解する必要がある。

さらにX線写真，X線CT，MRI，血管造影／血管内治療，核医学，PET，放射線治療の基礎についても説明する。

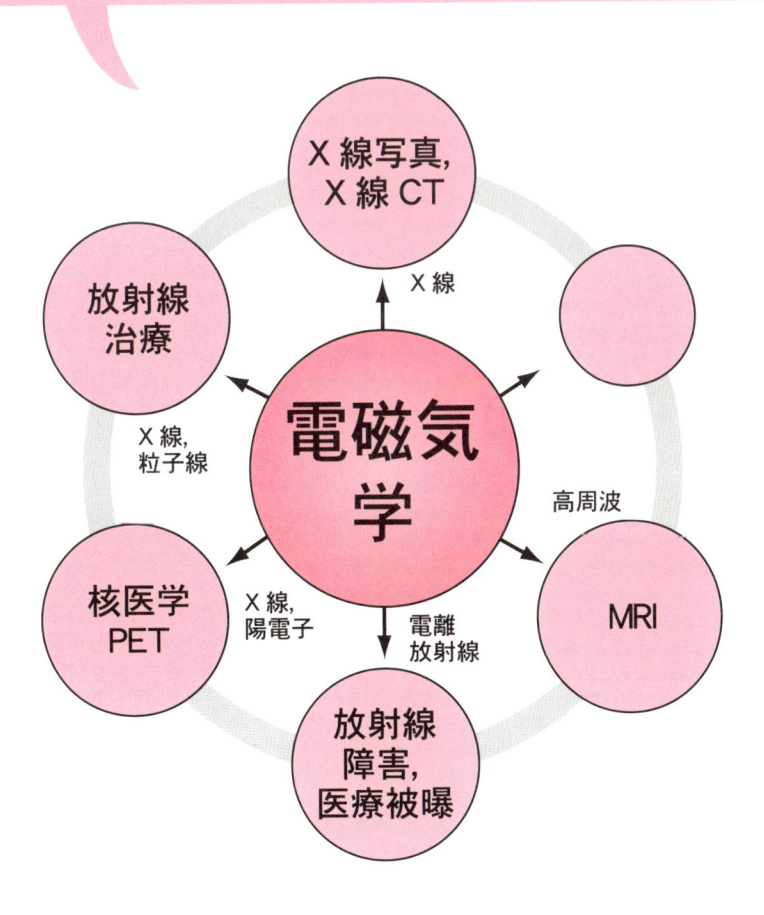

7.1　物質と原子

あらゆる物質は粒子で構成されている。これらの粒子は，電荷をもたない（電気的に中性な）原子または分子か，それぞれ正または負の電荷を帯びたイオン（それぞれを陽イオン，陰イオンという）である。なお，分子は複数の原子が結合したものである。

7.1.1　原子の構造

(1) 原子とその構成粒子

原子は，その中心にある原子核と，そのまわりの軌道を回っている電子（軌道電子）から構成されている。原子は約1億分の1 cmの大きさで，原子核は約1兆分の1 cmの大きさをもつ。電子の質量はきわめて小さいので原子の質量は，ほぼ原子核の質量に等しい。原子核は，正の電荷をもち，電子は負の電荷をもっている。

(2) 原子核を構成する粒子

原子核は，2種類の核子，すなわち陽子（正の電荷を有する）と中性子（電気的に中性，すなわち電荷がゼロ）から成立っている。核子同士は核力という引力で結びついている。

(3) 原子と元素，原子番号

原子の化学的特性に注目するときには，その原子を化学元素（単に元素ともいう）と呼ぶ。例えば，我々の身体を構成する主な元素は，炭素［C］，水素［H］，酸素［O］，窒素［N］である。なお，カッコ内のアルファベットの文字はこれらの元素の化学記号を表す。原子の化学的特性は原子核の陽子の数で決まる。各原子には陽子数と一致する番号（原子番号という）がつけられている。

原子核内の陽子（+1の電荷をもつ）の数は，原子核のまわりにある電子（−1の電荷をもつ）の数に等しい。原子が電気的に中性なのはこのためである。

元素は現時点で110種類あり，元素を原子番号によって配列したものが周期表である。原子は，1つの化学元素の特性を保っている物質の最小部分であり，分子は化合物の最小部分である。

(4) 質　量　数

原子の質量数Aは，原子核中の陽子数（原子番号Z）と中性子数Nの合計数である。

$$A = Z + N$$

(5) 同位元素（アイソトープ）

陽子数が同じで中性子数が異なる原子（元素）を同位元素（アイソトープ isotope）という。質量数は陽子数と中性子数の合計数なので，同位元素とは陽子数が同じで質量数が異なる元素ということもできる。同位元素は，原子番号が同じなので周期表では同じ位置を占め，化学的・生

物学的性質はまったく同じである。

例　^{12}C と ^{14}C, ^{123}I と ^{125}I　　ここで各元素の左肩の数字は質量数を表す。

7.1.2　電子軌道，電子殻

電子の軌道というと，輪を思い浮かべるかもしれないが，実際は，軌道は輪ではなく球殻*なので，電子の軌道は電子殻（図 7.1）とも呼ばれる。

* この図では輪が 6 つしか描かれていないが，実際には輪が無数にあるので殻をつくる。

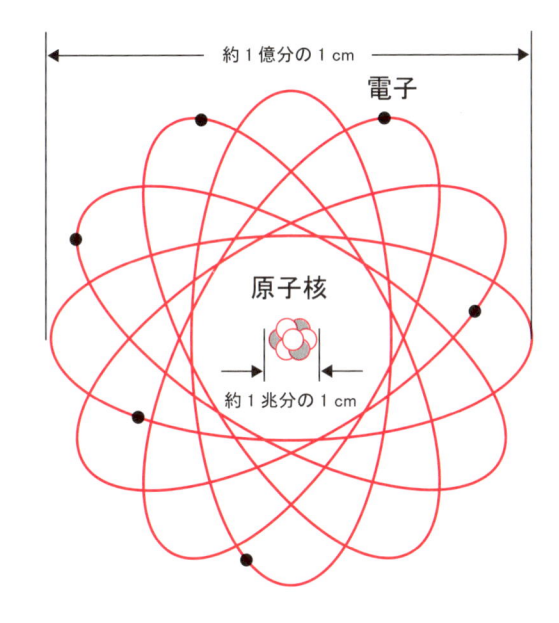

図 7.1　電子軌道

7.1.3　原子への光の出入り

(1) 基底状態，励起状態

電子がもつエネルギーは，その電子がどの電子殻に入っているかで決まる。高いエネルギー準位の電子殻に入っている電子のエネルギーは高い。電子殻は薄い層で，各電子殻の間は空いている。したがって電子のエネルギーは連続的に変わることができない。飛び飛びの値をもつ。

電子殻のエネルギー準位は，原子核にもっとも近い K 核が最も低い。そのエネルギー準位を基底状態と呼び，それより高いエネルギー準位を励起状態と呼ぶ。

原子核のまわりの電子は，外からエネルギーを得ると外側の電子軌道へ，また外へエネルギーを放出すると内側の軌道へと移動（遷移）する。

電子が基底状態から励起状態に遷移するためには，2 つの状態間のエネルギー差にあたるエネルギーを外から獲得する必要がある。例えば，光を外から吸収する。逆に，電子が高いエネルギー準位から低いエネルギー準位へ移るときには，その準位間のエネルギー差にあたるエネル

ギーを放出する必要がある。例えば，光を外へ放出する。この様子を図7.2 に示す。

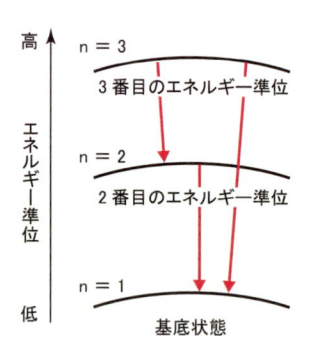

図 7.2 エネルギー準位と光の吸収・放出

(2) ボーアのエネルギー法則

光は波以外に粒子としての側面をもっている。光が粒子として振る舞うとき，その粒子を光子*という。

高い振動数の光子は低い振動数の光子よりも高いエネルギーをもっている。例えば，紫外光の光子のエネルギーは可視光の光子のそれよりも高い。

つまり光子のエネルギーは振動数に比例する。光子は，電子がエネルギーの高い外側の軌道からエネルギーの低い軌道に移るときに，そのエネルギー差をなくす手段として放出される。逆に，電子がエネルギーの低い軌道からエネルギーの高い軌道に移る（励起）ときには，光子が吸収される。

電子が，あるエネルギー準位から他のエネルギー準位へ移るときに放出または吸収する光は，そのエネルギー差 ΔE に等しいエネルギー，すなわち振動数 ν のものだけとなる（ボーアのエネルギー法則）。

$$\Delta E = h\nu$$

h はプランク定数 6.62×10^{-34} Js

(3) 線スペクトル

電子のエネルギー準位は連続していない。つまり飛び飛びなのでエネルギー差の値も飛び飛びとなる。したがってこれらのエネルギー差によって決まる光子の振動数も飛び飛びの値となり，波長も飛び飛びのものになる。その結果，光のスペクトルは線スペクトルになる。

---

* 電磁波としての光の質量はゼロだが，エネルギーをもっているので，それに相当する運動量をもつ粒子と見ることができる。光子は，電磁波（X線, γ 線）をエネルギーのかたまりと見なした場合の表現である。

▶光子の振動数から，その光子が属する電磁波の領域（赤外光，可視光，紫外光，X線など）がわかる。

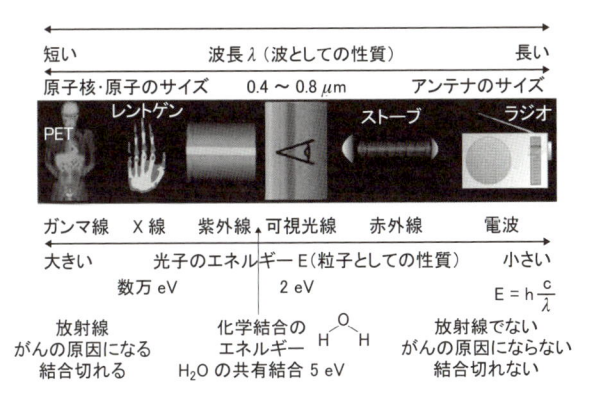

図 7.3 電磁波の種類
富山大学，物理学教室

7.1.4 X 線
(1) X 線とは
X 線 (X-ray) は，原子核のまわりの電子殻から出てくる電磁波である。

X 線が放出されるのは，電子が最も外側の軌道（最もエネルギーが大きい）から最も内側の軌道（最もエネルギーが小さい）に一気に移るときである。このときのエネルギー差は最も大きいので X 線のエネルギーは非常に大きい。その波長は 1 pm～10 nm 程度である。

Q7.1 X 線はどのような性質をもっているか。

(2) X 線の発生
X 線を発生させる方法はいくつかあるが，ここでは，電子の励起準位の差を利用する方法を説明する。

X 線を発生させる X 線管は，真空のガラス管の中で陰極と陽極が向かい合ったものである。X 線は，陰極と陽極の間に高電圧をかけ，陰極から高速の電子（線）を出させ，それを陽極の標的*に衝突させたときに発生する。

* 陽極の標的材料としては，銅，モリブデン，タングステンなどが使われる。

高速の電子（線）を陽極の標的金属に衝突させると，標的原子では，一番内側の電子軌道（1s 軌道）にある電子が原子から弾き飛ばされて，1s 軌道が空になる。その結果，それよりも外側の電子軌道（2p，3p 軌道など）にあった電子が，空になった 1s 軌道に移動してくる（遷移という）。外側の電子軌道にあった電子が持っていたエネルギーは一番内側の電子軌道にある電子よりも大きいので，その差分のエネルギーが電磁波として放出される。この電磁波が X 線（特性 X 線）である。

(3) X 線管の管電圧と X 線の透過力
陰極と陽極の間にかける電圧（管電圧という）が高いと透過力の強い短波長の X 線が，反対に低いと透過力の弱い長波長の X 線が出る。

人体の X 線撮影では，X 線が体内を透過するときにその進路上にあ

る組織，臓器，骨などによって透過力が異なることを利用している（7.3.1(1)参照）。そのために，撮影部位に合わせて電圧を，25〜150 kV 位の範囲で設定している。

　X線は体の組織をほとんど通り抜ける。医療用や歯科治療用のX線は骨や歯のところで吸収されて止まる。

Q7.2 透過力が強いX線を硬いX線，弱いものを軟らかいX線という。硬いX線と軟らかいX線とはどう違うか。

7.2 原子核の崩壊と放射線・放射能・放射性同位元素

　原子番号の大きい元素の原子核は不安定（図7.4）であるため，放射線を出して壊れやすい。これを原子核の壊変あるいは崩壊という。

　この放射線を出す能力を放射能（radioactivity）という。同位元素の中で，放射能をもつ元素を放射性同位元素（ラジオアイソトープ radioisotope, RI）という。放射性同位元素を放射性核種ということもある。放射性同位元素は医療では診断と治療に利用されている。

Q7.3 原子番号の大きい元素の原子核は不安定で壊れやすいのはなぜか。

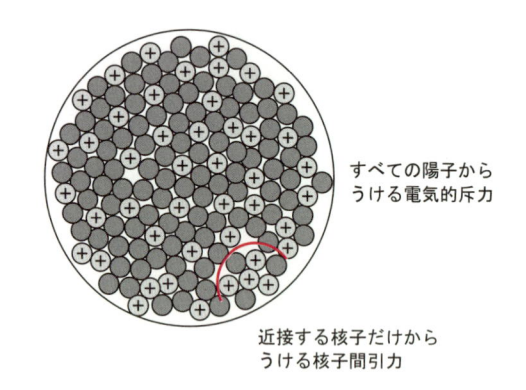

すべての陽子からうける電気的斥力

近接する核子だけからうける核子間引力

図 7.4　多核子原子核
陽子数（原子番号）が大きくなり83を超える程度になると，核子間引力に対して陽子間の斥力がかなり影響して核は不安定になる。

* 電離を起こすエネルギーとは，原子や分子から電子をはじき飛ばして陽イオンをつくるのに十分なエネルギーをいう。原子を陽イオンと電子に分離させる作用を電離作用という。なお陽イオンとは，陽電荷をもった原子または分子のことである。

▶ 放射線の英語訳は"Ionizing Radiation"。放射線は電離放射線と言うべきか。

7.2.1 放 射 線

(1) 放射線とは

　放射線とは，一般に物質を電離させる（イオン化する）のに十分な，高いエネルギー*をもつ電磁波または粒子線を指すことが多い。そこで，これらの放射線は電離放射線と呼ばれる。「一般に」とことわったのは，低いエネルギーの，電離作用を有しないものも放射線に含められるからである。中性子線は，低エネルギーであっても放射線として扱われる。

紫外線は電離作用をもつが放射線には含めない。電離放射線については，7.7.1で詳しく説明する。

(2) 電 磁 波

電磁波のうち電離作用をもつものはγ線，X線である。

(3) 粒 子 線

一般に原子核の流れ（ビーム）を粒子線という。電子線（β線）や中性子線は，原子核ではないが粒子線に含める。原子核の種類は原子の種類分だけあるので，粒子線にも多くの種類がある。

水素原子核の流れを特に陽子線と呼び，陽子より重い原子核を使った粒子線を重粒子線（重イオン線ともいう）と呼ぶ。炭素原子核の流れは炭素イオン線と呼ばれる。

(4) 中 性 子 線

中性子の流れを中性子線という。電荷をもつ粒子線とは異なった性質を持っている。すなわち中性子線は電荷を持たないので，正電荷をもつ原子核から反発を受けない。そのため，中性子の速度が遅くても，原子核に接近しやすい。

中性子線がウランやプルトニウムのような重い原子核に作用して，原子核反応を安全かつ継続的に起こさせる装置が原子炉であり，そこで発生する熱エネルギーを電力に変える施設が原子力発電所である。

Q7.4 α線は原子核になかなか近づけない。無理に近づけようとすれば，高速に加速する必要がある。それはなぜか。

7.2.2 崩壊（壊変）

(1) 崩壊の種類

原子核がエネルギーを吸収すると，高いエネルギー状態に励起される。この状態は不安定なので一定の時間（半減期）を経て余分なエネルギーを放出（＝崩壊）して安定な状態に戻る（図7.5）。余分なエネルギーが電磁波（光子）として放出されるのがγ崩壊であり，電子とニュートリノ（中性微子）νが飛び出すのがβ崩壊である。また，ヘリウムHeの原子核（陽子2個と中性子2個のかたまり）の形で飛び出してくるの

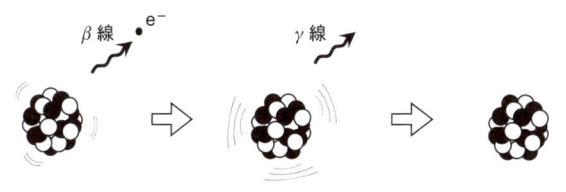

図7.5 原子核からのβ線およびγ線の放出

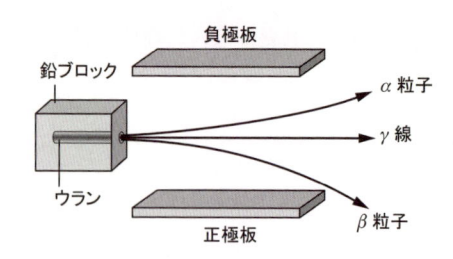

図 7.6　3 種類の放射線

ウランのような重い放射性核種の試料から出る放射線に，電場をかけると α 粒子（正電荷のヘリウム原子核），β 粒子（負電荷の電子），γ 線（電気的中性の光子すなわち高エネルギーの電磁放射）に分離する。

が α 崩壊である。

1) α 崩壊と α 線

α 崩壊では高速の α 粒子が α 線として放出される。α 粒子は He の原子核なので，正に帯電している。

2) β 崩壊と β 線

ある原子の原子核が，β 粒子を出して他の原子の原子核に変化することを β 崩壊という。β 粒子には，いわゆる電子（β^-）のほかに正電荷をもった電子（陽電子，β^+）もあるので，β 崩壊は β^- 崩壊と β^+ 崩壊に分けられる。陽電子についてふれるときには，いわゆる電子を陰電子と呼んで陽電子と区別する。

β 崩壊では，β 粒子と一緒にニュートリノ（中性微子）ν も放出される。β^- 崩壊，β^+ 崩壊では質量数は変化しない。

a) β^- 崩壊

中性子の多い原子核は β^- 崩壊する。β^- 崩壊では，原子核内の 1 個の中性子が陽子と電子（β^-）に変わる。

　例　β^- 崩壊：^{3}H，^{59}Fe，^{131}I（これは甲状腺ガンの治療に利用される）。
　　　その半減期は 8 日。

高速の β^- 粒子の流れを β 線あるいは電子線（EB）という。

b) β^+ 崩壊

陽子の多い原子核は β^+ 崩壊する。β^+ 崩壊では，原子核内の 1 個の陽子が中性子と陽電子（β^+）に変わる。このとき，特性 X 線あるいは γ 線を放射する。

正の電荷を持つ陽電子と負の電荷を持つ陰電子は，互いに引き寄せ合う性質があるため，陽電子はすぐに陰電子と結合する。この結合が起こると，陽電子も陰電子も消滅してしまう（陽電子消滅）。

▶陽電子の放出＝電子の吸収

^{11}C，^{13}N，^{15}O，^{18}F などは陽電子（ポジトロン）を放出するので，ポジトロン CT（PET）に利用される。なお，陽電子の半減期は短い。

Q7.5　陽電子消滅の際に γ 線が放出されるのはなぜか。

3) 軌道電子捕獲

原子核中の陽子が，K殻の電子を捕獲して中性子に変化する（軌道電子捕獲，EC, Electron Capture）と，電子を引き抜かれたK殻には，外側のL殻の電子が落ちてくる。その場合，L殻電子はK殻電子より大きなエネルギーをもっているので，K殻におさまったL殻電子は余分なエネルギーをX線（特性X線，K-X線）として放出する。このようなEC崩壊を行う原子には，^{123}I，^{125}I，^{67}Ga，^{51}Crなどがある。

この軌道電子捕獲は，核医学検査，RIAに利用されている。

4) γ崩壊とγ線

α崩壊やβ崩壊を起こした後の原子核内には余分なエネルギーが残り，不安定な状態（準安定状態）になっている。この原子核は，内部の余分なエネルギーをγ線として放出して同じ原子核のエネルギーの低い状態（安定状態）になろうとする（図7.5）。これがγ崩壊である。

(2) 放射線の透過，吸収

1) 放射線の透過

透過力は，一般に放射線のエネルギーが高いほど大きい。放射線の種類別では，γ線の透過力が飛び抜けて強く，β線やα線の透過力は弱い（図7.7）。

α線の透過力は小さく，組織中を0.05〜0.1 mmしか透過しない。つまり，α線が外から身体にあたっても皮膚の角質層でほぼ吸収されてしまう。言い換えると，皮膚がα線の透過を防御してくれるので，α線が皮膚より奥へ進入することはない。しかし放射線を出す物質（放射性物質という）が肺や胃に入り，体内でα線が放出される状況が発生すると危険である。

▶内部被曝

β線の透過力はα線よりも大きいが，それでも皮膚を数mm透過する程度である。

γ線は非常に高い振動数をもつ電磁波である。その透過力は非常に強い（図7.7）。

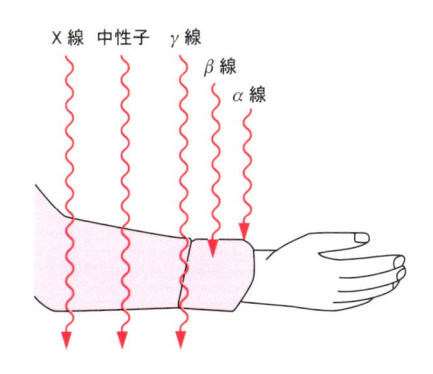

図7.7 放射線の透過力
α粒子は衣服や皮膚を通らない。β粒子はわずかだけ侵入できる，しかしγ線，X線や中性子は容易に服を通過する。

Q7.6　α線やβ線は人体中をほとんど透過しないが，X線やγ線は透過する。それはなぜか。

2）γ線やX線の吸収

コンプトン効果：γ線やX線が物質にあたり，その原子の最も外側の電子殻にある電子と衝突してその電子を殻外へはじき出すと，エネルギーを失って方向を変える。そして，他の原子と同じ現象を起こす。このような現象を繰り返しているうちにエネルギーを失っていく。この現象をコンプトン効果（コンプトン散乱）という。X線光子の散乱では，コンプトン散乱が原子番号にほぼ比例する。

光電効果：γ線やX線が，原子の内側の電子殻（K殻，L殻など）にある電子と衝突してその電子を殻外へはじき出す現象を光電効果（photoelectric effect）という。またはじき出される電子を光電子という。光電効果の結果，電子が抜けたK殻，L殻などには，それらの外側の電子殻から電子が落ち込んでくる。この電子は，外側の電子殻（高いエネルギー準位）から内側の電子殻（低いエネルギー準位）へ移動するので，そのエネルギー差に相当する余分なエネルギーをもっていて不安定なので，それを固有X線として放出して安定化する。生体で，γ線が光電効果を起こすと，そのエネルギーの大部分を失ってしまう。つまりγ線の大部分が吸収されてしまう。X線光子の吸収では，光電効果が原子番号の4〜5乗に比例する。

γ線と生体：生体を構成する原子は水素，酸素，炭素，窒素などであり，それらの原子番号は小さいので，高いエネルギーをもつγ線では光電効果よりもコンプトン効果が現れる確率が高い。

イオン対生成：1.02 MeV以上のエネルギーをもつγ線が原子核の近くを通過すると陽電子（陽電子線）と陰電子（β線）が発生する。これをイオン対生成という。この陽電子はまわりの電子と衝突して消滅するとき，0.51 MeVのエネルギーをもつγ線を2本，正反対の方向に放出する。

Q7.7　X線とγ線の違いは何か。
Q7.8　放射性ヨード，^{123}I，^{125}I，^{131}Iの崩壊（壊変）の形式はどのように違うか。

（3）崩壊（壊変）と質量欠損，熱エネルギー

崩壊後の原子核および放射された粒子の質量の合計が崩壊前の原子核の質量より減ることを質量欠損という。

この減った分の質量はエネルギー（崩壊エネルギーという）に変換される。そのエネルギーは次のアインシュタインの公式で求めることができる。

エネルギー ＝（質量）×（光速度）^{2}

$E = mc^2$

単位はエネルギー[J]，質量[kg]，光速度[m/s]。

放出されたα粒子,β粒子は数メガeV（電子ボルト）の運動エネルギーを持つ。

崩壊エネルギーは最終的に熱エネルギーに変わる。このため，放射性物質はしばしば発熱して高温となる。原子力発電では，放射性物質を閉じ込めた燃料棒から発生する熱エネルギーを電気エネルギーに転換している。

7.2.3 放射性核種の半減期（Half-life）

放射性核種（放射性）同位体の数が半分に減る期間を半減期[*1]という。

(1) 半減期の式

$N_t = N_0 (1/2)^{t/T}$

(N_0：時刻$t = 0$における放射性同位体の数，N_t：時刻tにおける放射性同位体の数，T：半減期[*2])

[*1] 生物学的半減期や実効（有効）半減期と区別するために物理的半減期とも呼ぶ。

[*2] 半減期は，放射性核種によって異なり，秒以下から数十億年まである。半減期が長い放射線核種が体内に入ると被爆線量（放射線にさらされたときの量）が多くなる。

Q7.9 時間が半減期の2倍，3倍になると放射性同位体の数は何分の一になるか。

(2) 放射性ヨードの半減期

ヨード（沃度）はドイツ語Iodの音訳で，日本語ではヨウ素（沃素）という。ヨウ素は元素記号「I」のハロゲン族元素である。

自然界に存在するヨウ素-127（^{127}I）は放射線を出さない。

甲状腺機能亢進症（バセドウ病）の放射性ヨード治療では放射性ヨード（ヨウ素-131）が入ったカプセルを服用する。放射性ヨードのほとんどが甲状腺に集まり，ヨウ素-131はβ-壊変してβ線を出す。放射能は治療終了後にはなくなってしまう。一方，甲状腺に取り込まれなかった放射性ヨードのほとんどが尿に排泄される。

▶ヨウ素-131の半減期は8日。

(3) 生物学的半減期

体内に取り込まれた放射性物質の一部は，代謝作用で体外に排出される。この作用によって，取り込まれた量が半分になるまでの時間を生物学的半減期という。

7.3 放射線の医療への応用

7.3.1 画像診断

(1) X線診断

1) X線の透過と撮影

体を透過してX線フィルムやX線検出器に当たるX線の強弱は組織

によって異なる。X線の透過度が組織によって異なるのは，X線が体に吸収される程度が組織（骨，空気，軟組織）によって異なるからである。

皮膚，筋肉，空気（肺）などはX線の透過度が高いので，X線フィルムに届きそれを黒変させる。骨は，X線の透過度が低いので，X線フィルムに届かずその部分が白く写る。X線を中程度に通す場合には灰色になる。

2) 造影検査

内臓はすべて筋肉とほぼ同じ密度なので，X線写真で区別することは難しい。このような場合にはX線を通さない（X線を吸収する）化学物質（造影剤という）をその臓器に含ませて撮影する。

消化管造影検査 口から硫酸バリウム（水に不溶）などの造影剤を飲んで，食道・胃・十二指腸を検査する上部消化管造影，と肛門から造影剤を注入して，直腸・大腸・小腸まで検査する注腸造影が大半をしめる。

Q7.10 胃の検査では，なぜ，げっぷを我慢しなければいけないか。
Q7.11 胃の検査のとき，体を動かすよう指示を受けるのはなぜか。

泌尿器造影検査 排尿時膀胱尿道造影では，カテーテルで膀胱に造影剤を満たし，排尿時の尿道の形態や尿管への逆流の有無等を検査する。

血管造影検査 カテーテルを血管内に挿入し，その先端を目的の血管まで進めてヨード造影剤を注入して血管の形態，血流状態を連続的に撮影する。

その他の造影検査
気管支の状態を見る気管支造影
食物を食べる時の嚥下動作を見る嚥下検査

硫酸バリウム

Q7.12 胃の検査では"バリウムを飲む"ことを指示される。バリウムは金属であるが，実際に飲むものは金属とはちがう。いわゆる"バリウム"とは何か。

3) X線CT

CTはComputed Tomographyの頭字語。

X線CTは，体のまわりを回る検出器で身体を透過したX線を色々な方向からとらえてコンピュータでデータ処理し断面画像（あるいは断層画面）を得るものである。

造影剤を使用しないCT単純検査と使用するCT造影検査（心臓周囲の血流部分のみを見たい場合など）がある。

X線CT画像では，脳内出血の有無や臓器の形あるいは大きさなどを

(2) MRI

MRIは，Magnetic Resonance Imaging（磁気共鳴画像）の頭字語。

医療用MRI（図7.8）では，ほとんどすべての場合，水素原子 ^1H の信号を見ている。^1H は身体の主な構成物質（水，タンパク質，脂質など）に含まれているので身体のあらゆるところにある。したがって，^1H の信号から人体を画像化（断層像）することができる。

身体が強い磁場の中に入ると，身体の水素原子核のスピンの向きは一定の方向にそろう。この状態で特定の周波数の電磁波（ラジオ波）を受けると「水素原子核」は，「共鳴」という現象を起こす。電磁波の照射をとめると，今度は逆にエネルギーを電磁波として放出しながら元の状態に戻る。この時に放出される電磁波（エコー信号）を受信コイルでとらえ，コンピュータシステムにより画像化する。

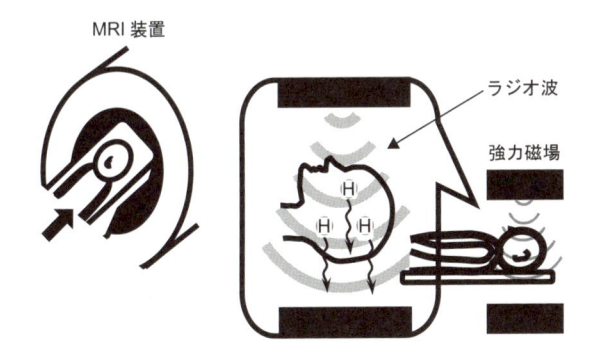

図7.8 MRIの原理

Q7.13 水素原子 ^1H 以外の原子を医療用MRIに使えないか。

1) MRIの長所
① 放射線被爆がない。MRIで使用する電磁波を使用するがそれはラジオ波で，そのエネルギーはX線の百億分の1程度なので安全である。
② 骨が，診断の妨げになる障害陰影（アーチファクト（artifact）という）をつくらないので，頭蓋底・脊髄などの病変の情報が得られる。
③ X線CTでは基本的に輪切りにした横断像しか得られないが，MRIでは任意の断面像を直接得ることができる。
④ 組織の形態情報が得られる。
⑤ 血管像や血流情報が造影剤を用いずに得られる。
⑥ 造影剤なしで脳脊髄膜腔や胆管，膵管を描出できる。
⑦ 血流情報を得ることができる。

2) MRI の短所
① 撮像時間が数十分と長い（X 線 CT では数十秒）。
② 検査部位に強磁性体（鉄, コバルト, ニッケルなど）があるとアーチファクトをつくる。

3) MRI 用造影剤

MRI 検査では, 検査の目的によっては MRI 用造影剤（ガドリニウム化合物など）を使うことがある。造影剤は普通, 腕の静脈から注射する。また, 経口的に飲用する造影剤もある。

MRI 用造影剤（ガドペンテト酸メグルミン）は, 原子番号 64 の常磁性体金属イオンである Gd^{3+} と DTPA のキレート化合物である。

4) MRI 検査の注意事項（取り外す）

MRI 検査は非常に強い磁石の中で行われるので,
① 鉄, ニッケル, コバルトなどを含む金属製品は磁石に引き寄せられる。
② 金属類は画像を乱したり, 局所的にやけどを起こす恐れがある。
③ 磁気データが記録されたカード（キャッシュカード, テレフォンカード, 定期券など）では磁気データが消える可能性がある。

(3) PET 診断

PET とは, Positron Emission Tomography（ポジトロン・エミッション・トモグラフィー）の頭文字。

PET 診断では, まず陽電子を放出する（＝ β^+ 崩壊する）アイソトープで標識したブドウ糖を注射する。それは, 通常のブドウ糖の OH（水酸基）を ^{18}F で置換したブドウ糖（図 7.9）であり, FDG[*1] と呼ばれる。

がん細胞は, その活動が活発なため, 正常細胞に比べてブドウ糖を多く取り込んで消費する。

がん細胞の中で FDG の ^{18}F が崩壊[*2]すると陽電子 e^+ とニュートリノ ν が放出される。

$$^{18}F \longrightarrow {}^{18}O + e^+ + \nu$$

陽電子はすぐにまわりの電子と結合（陽電子消滅）して γ 線を放出する。

γ 線の透過力は強いので人体組織を透過して体外まで届く。この γ 線を放出している場所を体外から PET カメラで撮影すれば, ブドウ糖を盛んに代謝する細胞（がん細胞）の場所をつきとめることができる。つまり PET 診断とは, 全身を PET で撮影し画像を見て, FDG が多く集まるところを見つけてがん発見の手がかりを得るものである。γ 線の透過力は強いので身体の奥にあるがん細胞でも, PET 診断で見つけることができる。

[*1] FDG とは, グルコース（ブドウ糖）に目印となる「ポジトロン核種（＝陽電子放出核種）」^{18}F を結合させた薬剤。正式名称は ^{18}F-FDG（フルオロデオキシグルコース）といい, 性質はブドウ糖とほぼ同じ。

[*2] ^{18}F の半減期は 110 分

^{18}F は，サイクロトロン（加速器の一種）で陽子を加速し，^{18}O^{*1} に照射して生成される。

$$^{18}O + p \longrightarrow {}^{18}F + n$$

ブドウ糖　　　　　　　　FDG

図 7.9　FDG とは

＊1　^{18}O は酸素 ^{16}O の同位体でその存在比は 0.2％。

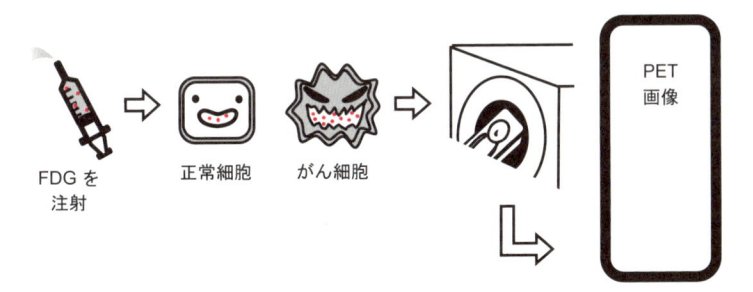

図 7.10　PET 検査の仕組み

7.4 ▍核医学診断
7.4.1　核医学診断とは

核医学診断，RI 検査，シンチグラフィーとも呼ばれる。

血液中の「くすり」が，今どこを流れているか，どの臓器に集まっているか―といったことを体の外から知ることができるだろうか。「くすり」に，体外から "見える" 標識をつけておけば，「くすり」の動きを追跡^{*2}することができる。

"見える" と言っても目で見るわけではない。実際には，透過力が強い放射線を出す "標識" をつかって，その動きを追う。「くすり」とは放射性医薬品^{*3}（RI 薬品）のことで，調べようとしている目的の臓器や組織によく集まる，γ 線を出す RI を結合させた放射性医薬品を意味している。放射性医薬品が出す γ 線を検出できる装置をつかえば，生体内での放射性医薬品の動きを，体外から追跡（トレース，trace）することができる。

RI 薬品には，体内に存在するヨウ素（I），鉄（Fe），リン（P），ナトリウム（Na）などの放射性同位元素が多く使われる。例えば放射性ヨ

＊2　ある元素や化合物の，生物体内などでの行動を追跡するために用いられる物質をトレーサー（tracer，追跡子あるいは標識）という。放射性同位体を人工的に含ませた化合物が用いられることが多い。

＊3　放射性医薬品とは，ガンマ線を出す放射性同位元素（RI，Radio Isotope，ラジオアイソトープ）を結合させた医薬品を指す。

ウ素は γ 線を出し，甲状腺に集まる。カルシウムは骨組織に，リンは腫瘍組織や骨，骨髄などに集まる。

つまり，核医学診断では，放射性医薬品を静脈注射し目的の臓器や組織に集まるのを待ってそこから出るガンマ線を体外から γ カメラ（検出器）でとらえ，臓器の血流や機能（働き）の状態を映像化して調べるのである。

7.4.2 核医学診断の特徴

核医学診断では，形態的な病変を検出できる。さらに，ある部位の機能的な評価もできる。特に脳や心臓においては，症状が出る前に血流が低下している部位を検出できる。

検査をするときには放射性医薬品を注射するが，被爆面での影響は胸部X線写真を1, 2枚撮ったのと同程度といわれている。

核医学診断では患者にチューブを挿入しないので，生理的な条件下での消化管運動が観察できる。しかも水を含めさまざまな食品にRIを混入あるいは標識してこれを患者に食べさせて行うので，その食品に応じた消化管運動を観察できる。

Q7.14 核医学検査の目的と，MRIやCTによる検査の目的はどう違うか。

7.5 放射線治療

7.5.1 主な装置と放射線

放射線治療（放射線療法）に使用される代表的な装置と放射線は次の通りである。

(1) リニアック

リニアックで発生させたX線と電子線を用いて治療を行う。

(2) 医療用加速器

加速器としてはシンクロトロンあるいはサイクロトロンが使用される。シンクロトロンは陽子線あるいは重粒子線の発生に，サイクロトロンは陽子線の発生に用いられている。

7.5.2 放射線の照射方法

放射線を当てる範囲をできるだけ病変部に絞って正常な部位に当たらないようにする工夫がなされている。

(1) 体の外から放射線を照射する（外照射）治療

リニアックではエネルギーの強いX線を用いて体の中心近くの部分の治療を行う。一方，電子線は深くまで到達しない特徴があるので，皮膚や皮下などの浅い部位に対して用いられる。

(2) 体の内側から照射をする治療

コバルト（^{60}Co）を用いた腔内照射およびセシウム（^{137}Cs），金粒子（^{198}Au）を用いた組織内照射*1 がある。

7.6 粒子線治療

放射線治療では正常組織に対する障害が少ない放射線を用いる。また放射線で治療をおこなう場合，がんの種類や進み具合によって放射線を使い分ける。すなわちX線やγ線で治りにくいがんには，より治療効果の大きい放射線である重粒子線を用いる。

7.6.1　X線治療と粒子線治療との違い

(1) X 線 治 療

X線は，体内を通過するときその通り道にエネルギーを与えながら，治療効果を発揮し次第に減衰していく。

X線のエネルギーは体表面から1～2cm下の皮下組織で最も強くなり，その後次第に減衰していく。しかしX線は，身体の中を透過する力が強いので，体を通り抜けた後，その背後にある物体にも入り込む*2。

病巣にある程度の放射線量を照射しようとすると，X線の通り道になる病巣の手前の正常組織には常に病巣よりも多い量の放射線が照射されてしまう。また，病巣部を通りすぎた先の正常組織にも放射線が照射される。したがって，X線による放射線治療を行う場合には，常にX線の通り道の正常組織が耐えられる限界量を考える必要がある。副作用を考えて放射線量のを加減することが必要なので，がんを完治できるほどの量を照射できない場合も多くある。

(2) 粒子線治療

粒子線は，身体の中をある程度進んだあと，急激に高いエネルギーを周囲に与えそこで消滅するという性質がある。この性質を利用すると，X線治療と異なり，病巣部周囲だけに高いエネルギーを与え，通り道に与えるエネルギーを少なくするように調整することができる。

したがって，粒子線では，がん病巣部にX線治療より高い線量の放射線を照射できるので，より高い治療効果をあげることができる。また，同じ量の放射線でも正常組織に照射される範囲が広ければ副作用は強く，狭ければ副作用が軽くなる。粒子線治療では放射線が照射される正常組織を狭くすることで副作用を軽くすることができる。

炭素イオン線は，特にX線が効きにくい性質のがんに対して強い治療効果を発揮するといわれている。

Q7.15　X線治療と粒子線治療との違いは，何によるか。

---

*1　金属で被覆された ^{137}Cs（セシウム）あるいは（^{198}Au）粒子等を標的（腫瘍）あるいはその近傍に挿入して放射線照射を行う方法を組織内照射という。対象は舌，口腔底，乳房，前立腺等である。

*2　身体の厚さにもよるが，身体の反対側に到達しても，約30～60％ものエネルギーが与えられる。

7.7 生体への放射線の影響, 放射線防護, 医療被曝

7.7.1 電離放射線

放射線が作用する最初の過程は電離作用と励起作用である。放射線が正または負の電荷を持っていると, 放射線が物質に当たったとき原子や分子を電離（イオン化）する。この, 陽イオンと電子の対を多数つくる過程で放射線の大きなエネルギーは物質に吸収されてしまう。

1) α線

α粒子の流れをα線という。α粒子は正に帯電しているので, α線が当たった物質の原子から電子を2個奪って電気的に中性になろうとする。その結果, α線が当たった物質の原子は電子を失って陽イオンになる。次にこの陽イオンはまわりの原子から電子をうばって陽イオンをつくる。このようなことが連鎖的に繰り返されていく。

▶ 電離作用（イオン化能力）はα線＞β線, γ線の順に弱い。

2) β線

β線はβ粒子（＝電子）の流れであり, β粒子は負に帯電しているので, それが物質中を通過するときにはまわりの原子の電子（負電荷をもつ）と反発し, それをはじき出して陽イオンをつくる。β粒子はさらに進みながら次々と陽イオンをつくってゆき, 最後には陽イオンと結合して電気的に中性になって進行を停止する。

3) 電磁波（X線, γ線など）

電磁波（X線, γ線など）は電荷を持っていないので, α粒子やβ粒子と違った方法でまわりの原子をイオン化する。すなわち電磁波が物質にあたるとその原子の電子を電子殻外にはじき出して原子を電離させる（陽イオンにする）。この電子は引き続いて電離作用を起こすこともある。

4) 中性子線

中性子線も, 非電荷粒子線*なので, 電磁波と同じように物質にあたると原子の原子核から陽子をはじき出したり, 別の放射線を発生させたりして, 電離作用を起こす。

＊ 荷電粒子線には, α線, 重陽子線, 陽子線, その他の重粒子線（重イオンともいう）, β線（電子線を含む）がある。

Q7.16 α線の電離作用がβ線より強いのはなぜか。

5) 間接電離（性）放射線

X線, γ線などの電磁波, あるいは非電荷粒子線である中性子線は, 直接, 物質に電離を起こさせることはできない。これらは, 物質の原子あるいは原子核と相互作用をすることによって, 間接的につくり出した荷電粒子線が電離を起こすので間接電離（性）放射線という。

7.7.2 電離放射線と生体
(1) 生体への影響

電離放射線は生体を通過するときに，その生体の構成原子から電子をはじき出して陽イオンをつくる（電離）。このとき発生する電子は細胞の染色体を破壊するので危険である。この電離放射線の影響は正常な細胞にも起こるが，正常細胞の回復能力は高いので大きな障害が出にくい。このため放射線を用いて治療できるのである。

生体に対する放射線の悪影響は次の2つに区別される。① 身体的影響（＝ 被曝した人に対する障害）　② 遺伝的影響（＝ 子孫に現れる障害）。① では，生きている細胞を損傷して殺すこともある。それが細胞の増殖に関係する DNA やタンパク質に作用すると，特に有害である。

(2) 主な電離放射線の生体への影響
1) 電磁波（X 線，γ 線）

X 線を受けて何らかの症状が現れる線量は，250 mSv（ミリシーベルト）以上といわれている。しかもこの線量は全身が一度に受けたと仮定した場合の線量である。

X 線撮影で 1 回に被曝する線量は 0.1 mSv であり，また，撮影部位は胸部や腹部などのように限定されているので，被曝は局所被曝であり，全身被爆を受けることはない。

小児は大人より放射線に対する生殖腺感受性が高いので，X 線検査時には生殖腺が被曝しないよう遮蔽措置を行う必要がある。

身体に対しては，γ 線のほうが X 線より，さらに深く入り込む。

2) 電磁波（X 線，γ 線）の温熱効果

生体に入った電磁波のエネルギーは，熱に変換されながら減衰してゆくので温熱効果がある。

3) 放射性医薬品

放射性医薬品（RI 医薬品）RI を投与された患者は γ 線に被曝するが，その被曝線量はわずかである。被曝線量は，使用する RI の種類，投与量にもよるが全身で約 0.1〜25 mSv であり，他の X 線を使った検査と同程度である。

▶ 1 μSv（マイクロシーベルト）は 1 mSv の 1,000 分の 1。

Q7.17 核医学検査における被曝線量はわずかであるといわれる。その理由は何か。

4) 粒子線

生物学的効果（同じ線量における細胞殺傷率の違い）は次のとおりである。

- 陽子線治療：陽子線の生物学的効果は X 線や電子線とほぼ同じである。

・重粒子線治療：炭素イオン線はX線・電子線の２〜３倍の生物学的効果を持っている。

7.7.3　放射能と放射線の単位

　放射性物質に含まれている放射性原子は，放射線を放出して安定な原子に変化する。1秒間に変化する放射性原子の数を，放射能強度といい，その単位がベクレル（Bq）である。

　1 kgあたり1ジュール（J）のエネルギーが吸収されるときの線量を吸収線量といい，単位はグレイ（Gy）である。

　人が放射線に被曝したときに受ける影響の度合いを表す単位がシーベルト（Sv）である。放射性物質にはいろいろな種類がある。放射性物質の種類が違えば放出される放射線の種類やエネルギーの大きさが異なる。そのため体が受ける影響も異なる。そこで人体に与える放射線の影響は，放射線の種類やエネルギーの大きさ，放射線を受ける身体の部位なども考慮した数値（その単位がシーベルト）で比較する必要がある。

7.7.4　放射線防護のための放射線遮蔽用具

　介助者は，放射線防護のため鉛を含む防護エプロン・防護手袋などを使用する。放射線遮蔽用具には鉛を含む防護衝立・防護カーテン・防護眼鏡などもある。

　X線診断で，X線を照射された患者の身体から出る散乱線は薄い遮蔽用具で遮蔽できるが，放射線治療で高エネルギーのγ線が出ている場合には，5〜10 cmの厚さの鉛で防護する必要があるとされている。

Q7.18　放射線遮蔽用具はなぜ鉛を含むのか。

解　答

Q7.1 ①物体を透過する　②蛍光を発することができる　③原子の電子をはじき出して原子を陽イオン化する（電離する）　④フィルムを感光させる。

Q7.2 硬いX線は軟らかいX線に比べてより高い振動数をもつ。つまりより高いエネルギーをもつ。軟らかいX線はガラスで止められてしまう。

Q7.3 原子番号の大きい元素，例えばウラン 238（原子番号 92）の原子核には陽子が 92 個もある。当然，陽子と陽子の間にはたらく反発力（斥力）も大きくなる。一般に陽子間の反発力は，中性子の核力（引力）によって弱められるので，原子核が安定化される（A7.2 を参照）。しかし，陽子数が多いとその反発力が大きくなるので原子核が不安定になる。それは，中性子は 238 − 92 = 146 個もあるが，核力は隣接する核子同士にしかはたらかないので原子核の安定化に対する寄与は大きくない。一方，陽子と陽子の間の反発力は隣接していない陽子と陽子の間でもはたらくので原子核は不安定化するためである。この様子を図 7.4 に示す。

Q7.4 α 線は正電荷をもつ α 粒子の流れである。正電荷をもつ α 粒子は，正電荷をもつ原子核の反発力を受けるので原子核にはなかなか近づけない。無理に近づけようとすれば，高速に加速する必要がある。

Q7.5 陽電子を出す核種の近くで陽電子と陰電子が結合する。陽電子も陰電子も運動量を持っている粒子であり，運動量保存則が成り立つ。この運動量は，陽電子と陰電子が衝突して消滅するときには，エネルギー保存則により，質量がエネルギーに変換される。つまり，電子の質量が $E = m_e C^2 = 0.51$ MeV の γ 線になる。

Q7.6 α 線も β 線も荷電粒子の流れなので人体の原子と電気的に相互作用する。その結果，急速に運動エネルギーを失ってしまい，透過できなくなる。一方，X 線や γ 線は荷電粒子の流れではなく，電磁波なので人体の原子との相互作用が小さい。そのため人体に入った後もエネルギーを失いにくい。その結果，人体中を透過してしまう。

Q7.7 波長から X 線か γ 線かを判断することはできない。X 線の波長領域は γ 線のそれと一部重なっているからである。X 線と γ 線は，その発生機構で区別する。原子核外におけるエネルギー準位間で電子が移動するときに X 線が発生する。一方，γ 線は原子核内で発生する。

Q7.8 ^{123}I，^{125}I は EC 崩壊であり，^{131}I は β^- 崩壊である。

Q7.9 時間が 2 倍になると放射性同位体の数は 4 分の 1 に減り，3 倍になると，8 分の 1 に減る

Q7.10 胃は通常しぼんでいるのでそのままでは胃全体を検査することが難しい。そこでためには胃を膨らます薬（発泡剤）を飲む。発泡剤が効くとガスがたまる。それをげっぷとして出すと胃を膨らませた意味がなくなるのでげっぷは我慢する。

Q7.11 造影剤である硫酸バリウムを含む液体を胃粘膜にくまなく塗りつけるために，体を動かす。

Q7.12 バリウムは略称であり，正しくは硫酸バリウムという。造影剤の一つである。

Q7.13 ^{1}H 以外にもたくさんある。しかし，それらは ^{1}H と比べれば極微量であり，画像にするには少なすぎる。これに対し，^{1}H 以外の原子核（炭素（^{13}C），リン（^{31}P），ナトリウム（^{23}Na）などに関しては，研究されているが，臨床診断にはあまり用いられていない。ほかにもあるが，存在量がごくわずかで，画像化するには少なすぎる。

Q7.14 MRI や CT による検査は臓器や病変の形や大きさを調べるのが主な目的であるが，核医学検査は臓器の機能や代謝を調べたり，病気の活動性を調べたりするのが主な目的である。

Q7.15 X 線と粒子線の透過力の違いによる。X 線をつかう治療では，放射線量が身体の表面付近でもっとも強く，深く進むにつれて弱くなる。このため，放射線が深部にあるがんの患部にとどくまでの間に通過する正常組織に障害を与えやすい。これに対して，陽子線や重粒子線の場合は，放射線量がピークになる部分をがんの患部にあわせる（がんに集中的に照射する）ことにより，正常組織の障害を少なくすることができる。

Q7.16 α 線（α 粒子）の電荷は +2 で，β 線（β 粒子）の電荷は −1 なので，絶対値では 2 倍多いこと，また α 線の進行速度は β 線よりも遅いことによる。

Q7.17 主な理由は次の 3 つである。①核医学検査で使われる放射性医薬品の放射能は極微量である　②半減期が数時間から長くても数日という放射性同元素を使用する　③投与された放射性医薬品も尿や便と一緒に排泄されるため検査終了後は短期間で体内から消失する。

Q7.18 鉛は原子番号が大きい元素なので，放射線を通さない。7.2.2 の (2) のコンプトン効果および光電効果の説明を参照。

参 考 文 献

本書「看護・介護と物理」の企画・執筆に際して下記の文献を参考にさせていただいた。

本書全般
前田昌信，看護にいかす物理学，医学書院（1996）
佐藤和良，看護学生のための物理学（第4版），医学書院（2008）

物理学全般
R. ディットマン／G. シュミーク著（宮崎英三，大村能弘，大成逸夫訳），「やさしいフィジックスⅠ」，共立出版（1984）
R. ディットマン／G. シュミーク著（宮崎英三，大村能弘，大成逸夫訳），「やさしいフィジックスⅡ」，共立出版（1984）
シップマン（勝守寛，吉福康郎訳），「自然科学入門 新物理学」，学術図書出版社（2000）
R.A. サーウェイ（松村博之訳），「科学者と技術者のための物理学Ⅰa 力学・波動」，学術図書出版社（1995）
R.A. サーウェイ（松村博之訳），「科学者と技術者のための物理学Ⅰb 力学・波動」，学術図書出版社（1995）
Paul G. Hewitt 他著（小出正一郎監修，吉田義久訳），「力と運動」，共立出版（1997）
Paul G. Hewitt 他著（小出正一郎監修，黒星瑩一訳），「流体と音波」，共立出版（1997）
Paul G. Hewitt 他著（小出正一郎監修，黒星瑩一訳），「物質の構造と性質」，共立出版（1997）
鈴木久男，山田邦雅，前田展希，徳永正晴，「動画だからわかる物理-力学・波動編」，丸善（2006）
鈴木久男，山田邦雅，前田展希，徳永正晴，「動画だからわかる物理-熱力学・電磁気学編」，丸善（2006）
Lehrman, Physics-The Easy Way-, BARRONS（1990）

健康と運動
金子公宥，福永哲夫編著，「バイオメカニクス―身体運動の科学的基礎―」，杏林書院（2004）
中野昭一，佐伯武頼，足立稯一，渡辺千佳子，「図説・からだの仕組みと働き」，医歯薬出版（1979）
W.D. McArdle, F.I. Katch, V.L. Katch（田口貞善，矢部京之助，宮村実晴，福永哲夫監訳），「運動生理学～エネルギー・栄養・ヒューマンパフォーマンス～」，杏林書院（2004）
Per-Olof Astrand, Kaare Rodahl（朝日奈一男，浅野勝己訳），「オストランド運動生理学」，大修館書店（1976）
石井喜八，西山哲成編著，「スポーツ動作学入門」，市村出版（2002）
中野昭一編著，「図説・運動・スポーツの功と罪」，医歯薬出版（1997）
石井直方総監修，「ストレストレーニングコンディショニング」，ブックハウス・エイチディ（2002）
九州大学健康科学センター編，「健康と運動の科学」，大修館書店（1994）

医　　療
坂井建雄，岡田隆夫，「解剖生理学―人体の構造と機能［1］―」，医学書院（2009）
織田弘美，加藤光宝，佐藤嘉代子，小林ミチ子，若尾邦江，「運動器―成人看護学［10］―」，医学書院（2010）
渡辺照男編集，「カラーで学べる 病理学 第3版」，ヌーヴェルヒロカワ（2009）
山内豊明編，「疾病の成り立ち―臨床病理・病態学 第1版」，メディカ出版（2008）
大澤忠編集，「臨床放射線医学 第6版」，医学書院（1998）

看護全般
坂本すが，山元友子監修，「ビジュアル臨床看護技術ガイド 第1版」，照林社（2007）
川島みどり監修，「ビジュアル基礎看護技術ガイド 第1版」，照林社（2007）
氏家幸子，「基礎看護技術Ⅰ 第4版」，医学書院（1995）
藤崎郁，川村治子，「基礎看護技術Ⅰ 第14版」，医学書院（2009）

索引

あ行

アース　118
アーチファクト　140
アイソトープ　128
足浴　55, 61
圧縮波　96
圧縮率　21
圧電効果　114
圧力　22, 23
アルキメデスの原理　69
アルコール清拭　54
安定性　16
安定平衡　16
罨法　59

胃　147
椅子からの立ち上がり　30, 45
椅子への移乗　45

イオン　111, 128
イオン対生成　136
イオン伝導　122
位置エネルギー　8, 9, 32
移動介助　45
移動距離　9
胃の検査　138
イヤーウィスパー　98
医療被曝　144
医療用MRI　139
医療用内視鏡　100
インスリン用注射針　24
陰電子　134, 136
引力　6

ウォーターベッド　25
ウォーターマットレス　25, 74
渦電流　116
うつ熱　59, 62
腕の長さ　14
ウラン　133, 147
運動エネルギー　8, 9, 32
運動の身体的効果　41
運動の第一法則　5
運動の第二法則　6
運動の第三法則　7
運動量　4
運動量保存則　147, 4

エアコン　117
エア針　81
エアーマットレス　74
エアロゾル　87
エキシマレーザー　105
液体　73

エコー検査　103
壊死　86
エネルギー消費量　10, 11
エネルギー保存則　9
円運動　3, 4
遠赤外線　100
遠心分離　4
遠心力　4

凹面鏡　99
オージオグラム　102
オームの法則　112
応力　21
音圧　97
温罨法　59
温熱効果　105
温熱療法　100, 59
音波　94, 96
音量　97
温度センサー　51

か行

カーボンヒーター　113
外傷性頚部症候群　26
回折　95, 97
回転運動　2, 14, 18, 37, 38, 42
核医学検査　145, 147
核医学診断　141
核医学診断の特徴　142
角運動量　14
角運動量保存則　14
角膜　105
角膜屈折矯正　105
角膜実質層　105
核力　128
可視光　130
可視光線　106
可視光線療法　106
滑車　19
加速　3
加速度　3
加湿器　118
荷重点　18
硬いX線　132, 147
可聴振動波　96
荷電粒子　111
眼科　106
眼鏡　105
看護・介護　43
がん細胞　140
干渉　95, 97
間接電離（性）放射線　144
感電　122
慣性　5

慣性の法則　5
関節　29, 32
管電圧　131
眼内レンズ　105
寒冷療法　60

気化熱　53
機械的振動効果　105
基底面　16
気導音　96
気導聴力　102
軌道電子捕獲　135
逆圧電効果　114
ギャッチベッド　22, 48
吸引　79
吸収　135
胸腔ドレナージ　79
胸腔内圧　77, 79
強磁性体　140
強力永久磁石　115
キログラム重　6
近赤外線　100
金属　96
筋電図検査　120
筋肉ポンプ　83

空圧式マッサージ　88
空気　96
空気清浄機　111
空気塞栓症　72
屈折　95, 97, 99
屈折の法則　99
くびの捻挫　5, 26
クラッド　99
グラファイトヒーター　113
クレンメ　81

撃力　13
血圧　84
血圧の測定法　86
血液　4
血液循環の推進力　82
血液循環の役割　82
血管音　86
血管の張力　83
血栓　86
血流　103
血流計　85
血流速度　104, 85
血流抵抗　85
血流量　85
血流量の減少　85
ケラチンクリーム　120
減圧症　72
牽引療法　46

151

原子核　　　147
原子番号　　　128
原子力発電　　　137
原子炉　　　133
元素　　　128

コア　　　99
コイル　　　116
高圧酸素療法　　　72
高周波電流　　　123, 125
向心力　　　4
光線治療　　　106
光線力学診断　　　106
光線力学治療　　　106
剛体　　　2, 41
工率　　　10
光波　　　98
抗力　　　7, 11, 15
交流　　　113
氷　　　117, 126, 54
呼吸器　　　76
骨格筋　　　32
骨伝導　　　96
骨導聴力　　　102
コピー機　　　111
鼓膜　　　96
コールドスプレー　　　60
コールドパック　　　60
コロナ放電　　　111
コンセント　　　118
コンタクトレンズ　　　105
コンプトン効果　　　136
コンプレッサー　　　117

さ　行

サーミスタ　　　126, 51
サイクロトロン　　　142
採血　　　78
最高血圧　　　84
最低血圧　　　84
サイフォン　　　75, 76
サーキュレーター　　　56
作用点　　　18
作用力　　　7
作用・反作用の法則　　　7
サングラス　　　100
3連ボトル式胸腔吸引　　　80

歯科　　　106
磁界　　　115
紫外線　　　100, 101, 106, 133
紫外線療法　　　106
紫外光　　　130
仕事　　　8, 9, 10, 12, 52
仕事率　　　10
支持面　　　16, 17, 30, 31
姿勢　　　17, 30, 43
姿勢と靴　　　46
磁石　　　115
磁性体　　　116
シーソー　　　18

シーツのしわ　　　25
湿度　　　57
質量　　　4
質量中心　　　15
質量欠損　　　137
質量数　　　128
支点　　　18
磁場　　　115
耳鼻科　　　106
脂肪　　　126
斜面　　　19
周期表　　　128
ジェルマットレス　　　74
重心　　　15, 17, 18, 30, 31, 42
重心線　　　16, 17, 30, 31, 42
重心の位置　　　15, 30, 31
重粒子線　　　143
重粒子線治療　　　145
重量　　　6
重力　　　6, 18
重力加速度　　　6
重力線　　　16
ジュール熱　　　113
受動輸送　　　119
腫瘍　　　103
昇華熱　　　54
焦電素子　　　115
焦電体　　　115
静脈血の帰還　　　83
静脈認証　　　101
静脈弁　　　83
静脈瘤　　　84
ショート　　　118
上腕二頭筋　　　35, 37
上腕三頭筋　　　34
褥瘡　　　21, 22
除細動器　　　123
磁力　　　115
シリンジポンプ　　　82
真空採血管　　　78
シンクロトロン　　　142
神経伝導（速度）検査　　　120
心室細動　　　123
心臓　　　120
人体のエネルギー消費量　　　58
身体の帯電　　　121
人体の帯電電位　　　121, 126
人体の電気抵抗　　　122
シンチグラフィー　　　141
心電図　　　120
心電図検査　　　120
振動数　　　94, 97
振幅　　　94, 97
深部静脈血栓症　　　88

水圧式マッサージ　　　88
水泳　　　42
水銀血圧計　　　87
水晶体　　　105
水晶体の混濁　　　105
水深と静水圧　　　73
水治療法　　　87

水中スピーカー　　　96
水封　　　79
スピーカー　　　114
スピードガン　　　108
スプリングマットレス　　　24
ずり応力　　　21, 22, 66
ずり速度　　　66
ずり弾性率　　　21, 22

正孔　　　111
静止摩擦係数　　　11
生体組織の電気抵抗率　　　122
生体への放射線の影響　　　144
静電気ショック　　　121
生物学的半減期　　　137
赤外線　　　100, 106
赤外線カメラ　　　101
赤外線サーモグラフィ　　　51, 52
赤外線通信　　　101
赤外線放射温度計　　　51
赤外線療法　　　107
脊柱起立筋　　　36
接触力　　　26
絶縁破壊　　　111
全圧　　　71
遷移　　　129
全身浴　　　88
線スペクトル　　　130
せん断弾性率　　　21
潜熱　　　53
全反射　　　99
線量　　　145

造影検査　　　138
造影剤　　　138
臓器　　　103, 138
僧帽筋　　　34
層流　　　65, 85, 87
測音抵抗体　　　112
速度　　　3
疎密波　　　96

た　行

体圧　　　24
体圧分散寝具　　　24
体位変換　　　24, 43, 44
体温制御　　　58, 59
大気圧　　　71
体脂肪計　　　126
体脂肪計の原理　　　122
体脂肪の熱伝導率　　　55
体重　　　6
帯電　　　110
体積弾性率　　　21
体熱の産生　　　58
体熱の放散　　　58
ダイビング　　　73
対流による熱伝達　　　56
タコ足配線　　　118
惰性　　　5
縦波　　　94

索　引

炭素イオン　143
短波長のX線　131
断熱　57
弾性　21
弾性体　41
弾性率　21

力のモーメント　14
チャンネル　100
注射針　23
中腰　30, 36
中性子　128, 133
中性子線　144
超音波　96
超音波機器　115
超音波検査　103
超音波ゼリー　103
超音波洗浄　98
超音波ドップラー法　104
超音波内視鏡検査　104
超音波の発生　98
超音波プローブ　103
超音波療法　104
聴診器　102
超低周波音　96
超電導磁石　115
長波長のX線　131
張力　7
直線運動　2
直流　113

椎体　5, 26
椎間板　5, 26
椎間板ヘルニア　5, 25, 36, 39
追突　5, 26
痛点　24
杖　30, 45
つぼ　126
強い磁場　139
つり合い　18, 37

定滑車　19
抵抗加熱　113
抵抗率　112
抵抗率の温度依存性　112
てこ　18, 28, 33
点滴静脈注射　80
デジタル温度計　112, 126
電圧　112
電荷　110
点火装置　114
電気刺激療法　124
電気双極子　116
電気抵抗　112
電気分解　114
電気メス　106, 123
電気療法　124
電気冷蔵庫　117
電子　111, 134
電子殻　129
電子軌道　129
電子式電気冷蔵庫　117

電子線　133
電磁調理器　116
電子のエネルギー　129
電磁波　132
電磁波シールドルーム　120
電磁波のスペクトル　102
電磁誘導　116
電子レンジ　117
電子レンジの原理　116
電磁レンジの装置　117
伝導加温　104
電離　144
電離作用　101
電離放射線　132, 144
電流　112
電流の生理的影響　122
電力　113
電力量　113

同位元素　128
動滑車　19
等加速度運動　3
透過力　131, 135
動作の観察　43
動作の力学的意味　39, 40
等尺性収縮　32, 33
等速円運動　3
等速直線運動　4
等張性収縮　32, 33
動摩擦係数　11
動脈硬化　85
動揺病　4
ドップラー効果　95, 108, 85
凸面鏡　99
ドライアイス　54
トレーニング，体操　42
トルク　14, 18, 37, 38

な　行

内視鏡　100
内部エネルギー　52
鉛　146, 147
波　94

ニュートンの粘性法則　65
ニュートリノ　134
ニュートン流体　66
入浴　73

熱　52
熱運動　50
熱エネルギー　137
熱学　49
熱振動　101
熱転換　104
熱伝導　55
熱伝導率　55
熱湯　55
熱膨張　50
熱膨張を利用した温度計　50
熱力学　49

熱力学の第一法則　53
ネブライザー　87

能動輸送　119
脳波検査　120
脳波図　120

は　行

歯　132
バイアル　78
バイオメカニクス　1
肺塞栓症　89
ハイパーサーミア　59
肺胞におけるガス交換　78
ハーフミラー　99
媒質　98
配線器具　118
肺胞内圧　77
白内障　105
波形　97
波高　94
履物　12
パスカルの原理　25, 74
バセドウ病　137
発熱　59, 62
波長　94
発泡剤　147
場の力　26
速さ　94, 2, 3
パラフィン浴　60
バリウム　138
半減期　137
反射　95, 97, 98
反射の法則　98
半導体　126

光　98, 129
光医療　106
光のスペクトル　130
ひずみ　21
光ファイバー　99
引張応力　21
非ニュートン流体　66
比熱　54
皮膚科　106
皮膚がん　101
腓腹筋　35
皮膚の再生治療　100
皮膚の電気抵抗　126
日焼け　101
氷沈　55
氷のう　60

ファイバースコープ　100
不安定平衡　16
不感蒸泄　58
副作用　143
物質　128
浮心　42
物体を支える　37
物体を持つ　38

153

物体を持ち上げる　39
部分浴　88
プラグ　118
プラグのほこり　118
浮力　69
プルトニウム　133
分圧　71
分子　128

平均血圧　85
並進運動　2, 18
ペースト　120
ベルヌーイの定理　67, 68, 86, 87, 90
変位　2
変形　21
ベンチュリー効果　68
ヘンリーの法則　72

放射性医薬品　141, 145
放射性核種　132
放射性同位元素　142
放射性ヨード　137
放射線　132
放射線遮蔽用具　146
放射線治療　142
放射線の透過　135
放射線防護　144, 146
放射線療法　142
放射熱　56
ポアズイユの法則　70, 81
ボイルの法則　71, 77, 78, 79, 81, 85
防水型電動器具　116
ボーアのエネルギー法則　130
歩行の姿勢　31
ポジトロン　135
ホットパック　60
ボディメカニクス　1, 29, 43
骨　96, 132, 138, 32
骨の強度　21

ま 行

マイクロ波　116, 126
膜電位　119, 120
マグネトロン　117
摩擦電気系列　110, 121, 126
摩擦力　7, 11, 12
摩擦係数　11, 12
マッサージ　47, 48, 53
マットレス　24
魔法瓶　57, 61
マンシェット　86, 87

水　96
水枕　55
耳栓　98
ミリシーベルト　145
ミルキングアクション　83

むち打ち症　26

メッキ　114

メラトニン　107

モーメントアーム　14, 33, 35, 36, 37

や 行

やけど　61
軟らかいX線　132, 147
ヤング率　21

融解熱　54
誘電体　114
誘導加熱　116
誘導起電力　116
輸液セット　80
輸液バッグ　81
輸液ボトル　81
輸液ボトルの高さ　81
輸液ポンプ　82

陽子　128
陽子線治療　145
ヨウ素-131　137
陽電子　134
陽電子消滅　134
横波　94

ら 行

ラジオ波　139
ラプラスの法則　74, 83
乱反射　99
乱流　65, 85, 87

力積　13
力点　18
理想気体の状態方程式　70
立位　30
リノリウム　12
硫酸バリウム　147
流線　64
粒子　128
粒子線　145, 147
粒子線治療　143
粒子波　132
流速　64
流体　64
流体の粘性率　65
流体力学　63
臨界レイノルズ数　66

冷罨法　59
励起　130
レイノルズ数　66
レーザー　102
レーザー光　106
レーザー光と医療　106
レーザーメス　106
レーシック　105
連続の式　75

漏電　118

欧　文

^{18}F　140
AED　123
ATP　119
FDG　140
IHクッキングヒーター　116
MRI　139
MRI検査　140
MRI用造影剤　140
NTCサーミスタ　112
PET　135, 140
PET診断　140
RI検査　141
RI薬品　141
X線　134, 135, 136, 144, 145, 147
X線撮影　132
X線診断　138
X線治療と粒子治療との違い　143
X線の透過度　138
α線　134, 144, 147
α線の透過力　135
α崩壊　134
β^+崩壊　134
β線　134, 144, 147
β線の透過力　136
β^-崩壊　134
β崩壊　134
γ線　134, 135, 136, 140, 144, 145, 147
γ線の透過力　135
γ線やX線の吸収　136
γ崩壊　133, 135

著者略歴

多田　旭男（ただ　あきお）

- 1966年3月　北海道大学理学部化学科卒業
- 1967年3月　北海道大学大学院理学研究科化学専攻修士課程修了
- 1967年4月　北海道大学工学部助手
- 1970年4月　北見工業大学工学部助教授
- 1970年〜1999年　北見赤十字看護専門学校非常勤講師（化学）
- 1980年1月　北見工業大学工学部教授
- 1999年〜現在　北海道立網走高等看護学院非常勤講師（物理学）
- 2008年3月　国立大学法人北見工業大学工学部教授定年退職
- 2008年4月　国立大学法人北見工業大学工学部名誉教授，特任教授
- 2011年3月　国立大学法人北見工業大学工学部特任教授退職

主な著書

1) 「新しい物理化学実験」三共出版（1986）共編著
2) 「新しい触媒化学」三共出版（1988）共著
3) 「コメディカル領域の化学―健康・医療と化学のかかわり」三共出版（1989）共著
4) 「右脳式 演習で学ぶ 物理化学―熱力学と反応速度」三共出版（1993）共著
5) 「アクティブ科学英語―読解型から発信型へ―」三共出版（1997）共著

ヘルプフル！看護（かんご）・介護（かいご）と「もの」の「ことわり」物　理

2011年5月25日　初版第1刷発行
2023年4月1日　初版第2刷発行

　　　　　　　　　　　　　　　ⓒ　著者　多　田　旭　男
　　　　　　　　　　　　　　　　　発行者　秀　島　　　功
　　　　　　　　　　　　　　　　　印刷者　荒　木　浩　一

発行所　三共出版株式会社　東京都千代田区神田神保町3の2
　　　　　　　　　　　　　　郵便番号 101-0051 振替 00110-9-1065
　　　　　　　　　　　　　　電話 03-3264-5711 FAX 03-3265-5149
　　　　　　　　　　　　　　http://www.sankyoshuppan.co.jp/

一般社団法人 日本書籍出版協会・一般社団法人 自然科学書協会・工学書協会　会員

Printed Japan　　　　　　　　　　　　　製版印刷　アイ・ピー・エス

JCOPY <（一社）出版者著作権管理機構 委託出版物>
本書の無断複写は著作権法上での例外を除き禁じられています。複写される場合は、そのつど事前に、（一社）出版者著作権管理機構（電話 03-5244-5088, FAX 03-5244-5089, e-mail: info@jcopy.or.jp）の許諾を得てください。

ISBN 978-4-7827-0656-5